输变电设备机器人智能巡检技术

彭向阳　王锐　麦晓明　吴功平　陈国强　编著

SHUBIANDIAN SHEBEI JIQIREN
ZHINENG XUNJIAN JISHU

中国电力出版社
CHINA ELECTRIC POWER PRESS

内 容 提 要

受我国电网转型升级、提质增效和智能高效运维需求驱动,近年输变电设备机器人智能巡检技术得到迅速发展,并在电网实现规模应用。本书结合中国南方电网有限责任公司输电线路和变电站机器人智能巡检技术研究成果与应用实践经验,系统研究和总结编写而成。

本书共 15 章,包含电网巡检模式及机器人智能巡检技术概述、架空输电线路机器人巡检方法、架空输电线路机器人巡检系统、输电线路机器人视觉检测定位技术、输电线路机器人能耗预测技术、输电线路机器人风载检测及控制技术、输电线路机器人全自主巡检技术、输电线路机器人软件系统设计、架空输电线路机器人性能检测、架空输电线路机器人巡检应用、变电站机器人巡检系统、变电站机器人智能巡检技术、变电站机器人巡检应用工程实施、变电站机器人巡检应用实践、总结与展望。全书内容新颖,著述较为系统和全面,对于推动我国电网输变电设备机器人智能巡检技术研究与应用具有重要意义。

本书可供从事电力系统输变电设备运行维护、人工智能及机器人研发和试验检测领域的工程技术人员,以及相关科研院所、生产制造单位的专业技术人员和管理人员使用,也可作为高等学校相关专业学生的参考用书。

图书在版编目(CIP)数据

输变电设备机器人智能巡检技术 / 彭向阳等编著. —北京:中国电力出版社,2019.2(2020.8 重印)
ISBN 978-7-5198-1741-1

Ⅰ. ①输… Ⅱ. ①彭… Ⅲ. ①机器人技术–应用–输电–电气设备–巡回检测②机器人技术–应用–变电所–电气设备–巡回检测 Ⅳ. ①TM72②TM63

中国版本图书馆 CIP 数据核字(2019)第 025636 号

出版发行:中国电力出版社
地　　址:北京市东城区北京站西街 19 号(邮政编码 100005)
网　　址:http://www.cepp.sgcc.com.cn
责任编辑:马　青(010-63412784,610757540@qq.com)
责任校对:黄　蓓　李　楠
装帧设计:张俊霞
责任印制:石　雷

印　　刷:北京雁林吉兆印刷有限公司
版　　次:2019 年 2 月第一版
印　　次:2020 年 8 月北京第二次印刷
开　　本:787 毫米×1092 毫米　16 开本
印　　张:14.75
字　　数:353 千字
印　　数:1001—2000 册
定　　价:88.00 元

输变电设备机器人 智能巡检技术 ·····································

前 言

　　输电线路和变电站是电力系统的重要组成部分，输变电设备安全可靠运行是保障社会生产、生活优质供电的前提。输变电设备巡检工作尤其关键，它是提前发现设备缺陷和隐患，预防电网故障的重要手段。我国地域辽阔，供电范围及电网规模巨大，各地区地理气候环境差异较大，使电力巡检任务繁重而艰巨。传统人工巡检存在工作量大、劳动效率低、巡检质量差、危险性高等缺点。近年来，无人机、机器人等智能巡检技术的应用，为我国电网巡检作业提供了全新的发展前景。

　　目前，根据采用的巡检工具或平台不同，我国输变电设备巡检可分为人工巡检、直升机巡检、无人机巡检、机器人巡检等多种巡检作业模式。早期电力巡检主要采用人工巡检方式，近年来直升机、无人机、机器人巡检在输电线路和变电站巡检中得到越来越多的应用。其中，变电站巡检主要有人工巡检和机器人巡检，输电线路巡检主要有人工巡检、直升机巡检、无人机巡检、机器人巡检等。

　　输电线路巡检方面，在人工巡检基础上，目前直升机、无人机巡检发挥着越来越重要的作用，但是直升机、无人机巡检存在如下一些局限性：一是直升机巡检存在人员安全问题，国内直升机巡检过程中多次发生人员伤亡事故；二是直升机巡检同样存在机上人员劳动强度大、巡检成本高等问题，并且巡检周期长，短则半年一巡，长则一年一巡；三是直升机、无人机巡检需要提前申请空域，受到空域管制影响；四是直升机和大、中型无人机巡检容易对线路通道附近人们的生产、生活造成影响，大型无人机巡检技术门槛相对较高；五是直升机巡检对城镇和城市郊区线路、110kV 及以下低电压等级线路的适用性差，小型无人机巡检机动灵活，但载荷能力小、续航时间短，巡检距离和通信距离受限等。

　　相比之下，输电线路机器人虽然巡检速度不及直升机和无人机，但是可以长时间在线巡检、多次重复巡检，近距离巡检效果好，自动化程度高，且能适应跨越大范围林区、大面积水域及其他复杂地理环境和交叉跨越环境，具有全自主巡检、无巡检盲区、巡检周期短、巡检费用低等显著优势，是输电线路智能巡检技术的重要发展方向。

　　变电站巡检方面，随着电网规模增加和智能化程度提高，变电站运行控制和管理逐步向集约管控和智能化方向发展，智能变电站、无人值守变电站越来越多。调控部门可以运用多种自动化设备对无人变电站进行遥信、遥测、遥控和遥调，基本实现了变电主设备运行监视和远程操作。显然，基于人工巡检的变电站一次设备运维模式已不能适应变电站集控管理和智能运维需求，在巡检效率、巡检频次、重要设备重点监控方面提升空间较小，不能保证大量新投产变电站新技术、新设备及新环境的巡检新需求。

相对于输变电设备人工巡检和直升机、无人机巡检，机器人巡检提供了一种新的巡检模式，与其他巡检模式具有互补性，并且智能化程度、经济性、安全性和系统可靠性均较好。随着人工智能和机器人技术的发展，机器人智能巡检技术必将在电网输变电设备巡检领域得到快速和广泛的应用。

目前，变电站机器人已在我国电网得到规模应用，但应用效果和作用有待提高，需要进一步积累机器人运行和巡检经验；架空输电线路和电缆隧道机器人已在电网实现初步应用，但尚未开展规模化巡检。总体上来说，一些实用化巡检技术制约着电力巡检机器人的推广应用，急需要进行重点突破，如输电线路机器人全程全自主巡检技术、自动上下线技术、复杂环境下长期在线运行技术、机器人档中故障带电救援技术，以及输电线路和变电站机器人多传感器融合检测和智能诊断技术等。

针对上述存在的电力机器人实用化巡检问题，2013 年以来，广东电网公司电力科学研究院联合国内相关高校和研发单位，连续开展了输电线路和变电站机器人智能巡检实用化技术研究和应用，系统研发了架空输电线路机器人全程全自主巡检技术，实现机器人巡检作业自主定位、自主巡检、自主越障、自主运行、自主交互及自主故障检测与复位，机器人在通信中断和完全失去监控条件下可在线路上长时间安全运行；研发了穿越式、跨越式两种越障形式的架空线路巡检机器人，首次实现基于可见光和红外（或激光）检测的多任务载荷集成应用，首次实现机器人自动上下线巡检作业，建立输电线路机器人巡检作业模式和档中故障紧急救援模式，完成了机器人行驶路径和配套金具开发；研发了变电站机器人巡检系统，基于四轮独立驱动、柔性匹配控制和无轨组合导航、立体视觉辅助定位等技术优化机器人运动、操控和定位性能，基于可见光模式识别、仪表定位和红外、音频检测技术实现设备缺陷和异常状态的诊断告警；与国内相关单位一起，建立了输电线路和变电站机器人巡检系统产品技术条件和巡检技术规范，为机器人智能巡检推广应用奠定了基础。

本书瞄准我国电网转型升级和智能运维技术需求，针对人工巡检和直升机、无人机巡检存在的局限性，基于解决现有电力机器人巡检实用化问题，全面著述了输变电设备机器人智能巡检技术、巡检系统和巡检技术规范，在此基础上介绍了开展输电线路和变电站机器人全自主巡检应用的情况。希望本书工作及内容对推动我国电网机器人智能巡检技术研究和应用、提高我国电网输变电设备安全运行水平具有一定的借鉴作用。

王柯、钱金菊、易琳、樊飞、岳卫兵等同志在编写本书的过程中提供了热情的帮助和支持，在此一并致以衷心的感谢。

本书可供从事电力系统输变电设备运行维护、人工智能及机器人研发和试验检测领域工程技术人员，以及相关科研院所、生产制造单位的专业技术人员和管理人员使用，也可作为高等学校相关专业学生的参考用书。

由于编者的水平、时间以及本书的篇幅有限，书中难免存在疏漏和不足之处，恳请读者批评指正。

编　者
2019 年 2 月

输变电设备机器人 智能巡检技术 •••••••••••••••••••••••••••••

第1章 概 述

1.1 电网巡检模式简介

输电线路和变电站是电力系统的主要组成部分，输变电设备的安全可靠运行直接影响到工农业生产和社会生活。输变电设备巡检工作至关重要，它是预防输变电设备故障的主要手段，是保障电网安全运行和可靠供电的重要保障。我国地域辽阔，各地区的地理气候等自然环境差异较大，电力线路巡检经常需要经过高山、江河、湖泊地区，并且经常遭遇严重覆冰等自然灾害，使电力线路巡检任务繁重和异常艰难。传统人工巡线存在工作量大、效率低、巡检准确度低且危险性高等缺点。我国电网规模增大，而相应运维资源、人力物力存在并未等比例提升的状况，急切需要先进巡检手段提高电力线路巡检能力。

根据巡检目的不同，输变电设备巡检可分为正常巡检、故障巡检、特殊巡检三类。正常巡检指根据巡检计划对输电线路和变电站进行周期性巡检工作，故障巡检指输电线路和变电站发生故障或异常后开展针对性巡检工作，特殊巡检指在自然灾害等特殊条件或因保供电等特殊原因安排输变电设备专项巡检。

根据巡检工具或平台不同，输变电设备巡检又可分为人工巡检、直升机巡检、无人机巡检、机器人巡检等多种作业模式。早期电力巡检主要采用人工巡检模式，近年来直升机、无人机、机器人巡检在输电线路和变电站巡检中得到越来越多的应用。其中，变电站巡检主要有人工巡检和机器人巡检，输电线路巡检主要有人工巡检、直升机巡检、无人机巡检、机器人巡检等。

目前输变电设备巡检主要依靠人工巡检，并手动记录巡检数据，每次巡检时间长，劳动强度大，人员素质要求高。然而我国输电线路乃至部分变电站分布范围广、运行环境复杂，如高海拔、高山、高寒、高温、跨江跨河等大面积水域等，依靠人工在户外长时间进行设备巡检工作难度高、监测结果容易出错。人工巡检存在劳动强度大、工作效率低、检测质量分散、管理成本高等劣势。

此外，受制于人员素质及管理水平，人工巡检质量很难得到充分保证。例如，难以从制度和行为规范上对现场运行人员的责任心和工作态度进行约束，现场巡检路线不规范，人员巡检不到位，巡检质量大打折扣，存在漏巡情况；人工巡检对于重要设备或区段缺乏灵活、高效的检测手段，巡检达不到预期目标；人工巡检主要依靠工作经验判断，但现场巡检人员文化素质和技能水平参差不齐；人工巡检记录和数据处理效率低，不便于进行存档和数据分析。

在人工巡检基础上，目前直升机、无人机在输电线路巡检过程中发挥着越来越重要的作用，但是直升机、无人机巡检也存在一定的局限性：① 直升机巡检存在人员安全问题，国内直升机巡检过程中多次发生人员伤亡事故；② 直升机巡检同样存在机上人员劳动强度大、巡检成本高等问题，并且巡检周期长，短则半年一巡，长则一年一巡；③ 直升机、无人机巡检需要提前申请空域，受到空域管制影响；④ 直升机和大、中型无人机巡检容易对线路通道附近人们的生产、生活造成影响，大型无人机巡检技术门槛相对较高；⑤ 直升机巡检对于110kV及以下线路适用性较差，小型无人机巡检机动灵活，但续航时间短，巡检距离和通信距离局限性较大等。

相比之下，输电线路机器人虽然巡检速度不及直升机和无人机，但是可以长时间在线巡检、多次重复巡检，且能适应跨越大范围林区、大面积水域及其他复杂地理环境和交叉跨越环境，具有全自主巡检、无巡检盲区、巡检周期短、巡检费用低等显著优势，是输电线路智能巡检技术发展的重要方向。

1.2 输变电设备对智能巡检的需求

相对于输变电设备人工巡检和直升机、无人机巡检，机器人巡检提供了一种新的巡检模式，与其他巡检模式具有互补性，并且智能化程度较高，经济性、安全性和系统可靠性均较好。随着机器人技术的发展，利用机器人对输变电设备进行检测的需求应运而生。其目的在于及时发现电网设备运行缺陷和安全隐患，以便及时进行处理，通过使用机器人巡检能大幅提高电力巡检的智能化程度。

随着电网规模增加和智能化程度提高，变电站运行管理和控制逐步向集约管控和智能化方向发展，智能变电站、无人值守变电站越来越多。调控部门可以运用多种自动化设备对无人变电站进行遥信、遥测、遥控和遥调，基本实现了变电主设备运行监视和远程操作。显然，基于人工巡检的变电站一次设备运维模式已不能适应变电站集控管理和智能运维技术的发展，在巡检效率、巡检频次、重要设备重点监控方面提升空间较小，不能保证大量新投产变电站新技术、新设备及新环境的巡检新需求。

利用巡检机器人来部分或全面替代人工巡检已成为变电站设备巡检的必然趋势。巡检机器人可携带红外热成像仪、可见光相机等检测装置，根据预先设定的巡检任务，来完成变电站设备的可见光检测和红外检测等，记录设备检测数据并进行分析诊断和异常告警。

输电线路人工巡检劳动强度大，运行人员沿线路行走，借助望远镜或红外热成像仪或测距仪等，在地面或登塔对线路设备、交叉跨越及通道环境进行观测和记录，发现设备缺陷和安全隐患，及时进行处置。我国电网输电线路规模巨大，并且逐年增加，诸多线路跨越大江大河、崇山峻岭，甚至位于原始森林和无人区，人工巡检任务繁重和危险，并且人工巡检存在局限性，部分复杂危险线路区段，无法进行人工巡检，或者代价极大，人工巡检难的问题突出。输电线路巡检迫切需要先进实用的智能巡检技术来代替人工巡检。

多年的研究与实践表明，机器人巡检技术，是现有输电线路巡检技术的发展和有益补充，能够克服人工巡检存在的一些问题，而且相对直升机、无人机巡检，它具有较为突出的优势：一是自动化程度高，可实现全自主巡检；二是安全性高，巡检系统可靠性已达到实用化要求，能适应一般野外气候环境；三是近距离巡检质量高、效果好；四是使用简单方便，成本可以接受。

2015 年国务院印发《中国制造 2025》，提出"机器人"作为大力推动的十大重点领域之一；2016 年广东省政府工作报告提出，实施重大科技专项，在智能机器人等九大领域突破一批核心共性技术，研发一批重大战略产品；2016 年中国南方电网有限责任公司提出强化电网运维能力，全面推行"机巡+人巡"的运维模式，推广智能作业、无人机、机器人等先进技术，至 2020 年在无人机/直升机/机器人巡检作业领域达到国际先进水平。机器人智能巡检是电网巡检模式的新发展，随着电力机器人技术的快速发展，机器人可在电网智能巡检、电气操作、检修试验、带电作业、现场安全管控等多方面发挥机器人的优势，完全或部分代替人员工作，降低人工劳动强度和作业风险。

1.3 巡检机器人技术发展现状与趋势

1.3.1 输电线路巡检机器人

国外输电线路机器人相关研究开始较早。在 20 世纪 80 年代，日本、加拿大、美国等国家的电力公司就开始开展输电线路巡检机器人技术的研究。加拿大魁北克水电研究院在 80 年代开始研制的检修维护作业机器人，最初用于线路除冰工作，2008 年开发了一种具有双手臂结构的越障机器人，其两个手臂可以相互独立地运动。日本东京电力公司于 1988 年开始研制高压线巡检机器人，并于 1989 年开发出一台主要用于光纤复合架空地线（optical fiber composite overhead ground wire，OPGW）外包钢线及内部光纤铝膜检查的机器人样机。日本法政大学的 Hideo Nakamura 等人于 1990 年开发了用于电气列车馈电电缆巡检的机器人。日本三菱电机株式会社于 1990 年开发出越障机器人样机，其具有翻越杆塔的功能。日本关西电力公司（KEPCO）和日本电力系统公司（JPS）于 2008 年共同研制出了名为"Expliner"的巡线机器人样机，该机器人可以实现跨越障碍物运动。总的来讲，国外输电线路机器人以研发越障功能为主。机器人主要配备可见光、红外等传感器，只有个别单位研究线路检修维护用机器人。目前较为流行的输电线路机器人越障机构多为双手臂型结构。

在国内，自 20 世纪 90 年代中期开始一些研究单位就开始从事线路巡检机器人研究开发工作，主要有武汉大学、中国科学院沈阳自动化研究所、国网山东省电力公司电力科学研究院、山东大学等单位。输电线路机器人搭载的检测设备以高清可见光摄像机和红外摄像机为主；数据传输通过短距离无线链路、4G 网络或机内存储方式发送或保存，巡检机器人普遍没有采用缺陷智能专家诊断系统。

1. 机器人越障技术

从国外来看，移动机器人及其越障技术表现为两个技术发展方向：一是跨越越障的移动机器人技术，如加拿大魁北克水电研究院研制的"LineScout"巡检机器人、日本东京大学与日本关西电力公司（KEPCO）和日本电力系统公司（JPS）共同研制的"Expliner"巡线机器人，均采用了轮式悬挂、轮臂复合、跨越越障的移动机器人技术；二是轮式移动非越障的移动机器人技术，如美国电力研究所提出的给巡检机器人架设一条无障碍的专用轨道，机器人在专用轨道上采用轮式驱动行走的移动机器人技术。

从国内来看，国内移动机器人及其越障技术也表现为两个技术发展方向：一是跨越越障的移动机器人技术，如武汉大学研制的沿地线或导线跨越越障的"LineBot－G/W－J"巡检机器人、中国科学院沈阳自动化研究所研制的沿地线跨越越障巡线机器人，均采用了轮式悬挂、轮臂复合、跨越越障的移动机器人技术；二是轮式移动穿越越障的移动机器人技术，如武汉大学提出将现有地线线路上阻挡型防振锤、悬垂线夹改造为非阻挡型结构，在地线耐张塔头的两端搭建过桥，将地线上改造成为机器人可以穿越越障的"准高速"道路，以及针对这一"准高速"道路研制的"LineBot－G/C"巡检机器人。

2. 机器人智能技术

从国外来看，加拿大魁北克水电研究院、日本东京大学除在各自研制的巡检机器人通过了在线路上的行走、越障试验验证外，均已开展了相关智能技术的研究工作，但目前有关研究成果的报道较少，目前这两种巡检机器人可能不具有全自主工作的智能行为能力。

从国内来看，近几年开展了巡检机器人智能技术研究，包括环境智能检测和智能控制。"LineBot－G/W－J"和"LineBot－G/C"巡检机器人分别具有大范围局部自主工作的智能行为能力和全局自主工作的智能行为能力，其中：① 采用了线路的先验信息、数据传感器和机器视觉信息融合的方法，实现了导/地线线路上的障碍物检测识别定位；② 采用手眼视觉及其视觉伺服控制，实现了机器人自动找线及其控制；③ 采用行走轮打滑检测与辨识及其模糊控制方法，实现了行走轮的打滑控制；④ 采用面向对象的行为控制方法，实现了机器人的自主行为控制。中国科学院沈阳自动化研究所、中国科学院自动化研究所也分别开展了基于视觉的障碍物识别与定位技术、手眼视觉伺服控制技术和基于专家系统的智能控制技术的研究，其中中国科学院沈阳自动化研究所研制的沿地线巡检机器人具有局部自主工作智能行为能力。

3. 机器人电能补给技术

从国外来看，在"LineScout"和"Expliner"两种机器人中，还未见到有关电能在线补给技术研究的报道。但美国电力研究所，在其提出的概念样机模型中，拟采用机器人携带太阳能电源和感应取电电源作为机器人的在线补给电源，但尚未见到有关的技术研究报道。

国内研究了机器人电能在线补给技术，沿地线穿越越障"LineBot－G－J"和跨越越障"LineBot－G/C"这两种巡检机器人中，采用在杆塔上建设固定的太阳能充电基站，通过机器人与其对接充电，实现机器人在线电能补给；在沿导线跨越越障"LineBot－W－J"巡检机器人中，采用感应取电电源，实现机器人在线电能补给。此外，还研究了将导线上感应取得的电能无线传输的方法及其技术，为巡检机器人电能在线补给提供了一种解决方案。

4. 人机交互技术

国内外巡检机器人，尤其是跨越越障巡检机器人人机交互技术，均采用基于视频图像的本体设备和地面基站的人机交互方法。在"LineScout"巡线机器人中，在本体设备上安装了一台云台摄像机，专门用于本体设备的人机交互操作。在"LineBot－G/W－J"和"LineBot－G/C"巡检机器人中，均采用对机器人搭载多自由度云台摄像机的方法，用于地面基站基于视频图像的对本体设备的人机交互操作。但在"Expliner"巡线机器人和中国科学院沈阳自动化研究所沿地线巡检机器人中，未见到基于视频图像的人机交互技术报道。

5. 机器人任务载荷技术

机器人可同时搭载多种检测设备，但受负载能力和近距离巡检的制约，目前国内外市场上仅云台可见光摄像机比较适合机器人搭载，而红外热成像仪、紫外成像仪和激光测距仪，由于不具有一体化的多自由度云台功能，不满足巡检机器人实用化要求。因而，开发具有多自由度云台功能的红外热成像仪、紫外成像仪和激光测距仪或将这些巡检仪器集成在多自由度云台上，应是适用于巡检机器人的检测仪器或检测平台的发展方向。

6. 机器人上下线技术

目前，国内外线路机器人上下线仍然采用人工带电作业或人工辅助带电作业上下线技术，需要耗费较大的人力和物力，也制约了巡检的实用化及其进程。

1.3.2 变电站巡检机器人

国外变电站机器人研制较早，20 世纪 90 年代，日本率先开展应用于 500kV 变电站的有轨巡检机器人，代替人工实现了基于红外传感器的设备温度自动测量。日本三菱公司和东京电力公司早在 20 世纪 80 年代就联合开发 500kV 变电站巡检机器人，该机器人基于路面轨道行驶，使用红外热成像仪和图像采集设备，配置辅助灯光和云台，自动获取变电站内的实时信息，并进行上传和处理。

加拿大魁北克水电站研制的变电站巡检机器人，同样是搭载红外热成像仪、可见光图像采集系统，实现了远程监控，并配置了遥控装置，可实现对机器人的实时控制。2008 年，巴西圣保罗大学研制了用于变电站内热点监测的移动机器人，该机器携带红外热成像仪通过在变电站内架起的高空行走轨道线在站内移动。

国外有关变电站智能巡检机器人的研究工作起步虽然较早，但未见大规模推广应用的情况。另外，从资料文献了解到，国外有关变电站巡检机器人在传感器和导航系统应用中也开展了一些工作。

2005 年，A. Birk 等开发的履带式变电站巡检机器人，采用红外热成像仪对电气设备进行红外测温，该机器人在变电站现场投入应用，应用的效果表明利用该机器人在变电站进行巡检工作能有效实现对变电站设备的红外测温，开启了对变电站巡检机器人研究的新篇章。

D.A. Camegie 等提出了一种基于光纤陀螺、里程计、加速度计、激光雷达、差分 GPS（global positioning system，全球定位系统）和导航计算机的机器人导航系统。该导航系统用 GPS 进行定位，利用基于陀螺仪、里程计和加速度计的航位推算进行导航。在多次进行实验后得出：该导航系统能在变电站设备巡检机器人巡检时为机器人提供实时连续高精度的定位信息，使变电站巡检机器人的发展向前迈进了一大步。

在国内，经过多年的探索，目前在变电站智能巡检系统研发领域取得了长足进展，并积累了宝贵经验，产品已在多个变电站得到实际应用并取得了一定效果。但该技术尚处于起步阶段，目前在多传感器综合探测、四轮驱动移动平台、综合导航和精确对准、故障精确诊断、自动寻桩充电等关键技术上还存在瓶颈，形成了探测及故障判断精度不高、环境及地形适应能力不足等技术难点。国内研制的智能巡检机器人具有可靠性有待提高、地形适应能力不强、检测覆盖面不全等缺点，但高清可见光探测、红外测温、紫外探测等技术在民用和军事领域的大量应用，为开展智能巡检机器人探测技术的研究提供了良好的技术基础。

国网山东电力公司于 1999 年最早开始变电站巡检机器人的研究，2004 年研制成功第一台功能样机，后续在国家"863 项目"支持和国家电网公司多方项目支持下，研制出了系列化变电站巡检机器人。机器人综合运用非接触式检测、机械可靠性设计、多传感器融合的定位导航、视觉伺服云台控制等技术，实现了机器人在变电站室外环境全天候、全区域自主运行，开发了变电站巡检机器人系统软件，实现了设备热缺陷分析预警，开关、断路器开合状态识别，仪表自动读数，设备外观异常和变压器声音异常检测及异常状态报警等功能，较早实现了机器人在变电站的自主巡检及应用推广，提高了变电站巡检自动化水平。

2012 年 2 月，中国科学院沈阳自动化研究所研制出轨道式变电站巡检机器人，实现了冬季下雪、冰挂情况下的全天候巡检。2012 年 11 月，慧拓变电站智能巡检机器人在郑州 110kV 牛砦变电站正式投入运行，该机器人同样可以对开关、仪表等识别分析，自动判断变电站设备的运行状态及预警。2012 年 12 月，重庆市电力公司和重庆大学联合研制的变电站巡检机器人在巴南 500kV 变电站成功试运行，可实现远程监控及自主运行。2014 年 1 月，浙江国自机器人技术有限公司变电站巡检机器人在瑞安变电站投运。在国内，随着电力机器人市场的不断扩大，越来越多的厂家投入变电站巡检机器人的研制中，大大促进了变电站巡检机器人自主移动、智能检测、分析预警等技术的进步。

使用变电站巡检机器人，能够大大减少人工巡检工作量，保障电网安全可靠地运行。变电站巡检机器人在发现设备故障后能及时报警，使工作人员及时高效地进行设备维修，节省了宝贵时间。

截至 2017 年，广东电力系统 500kV 变电站达 54 座，220kV 变电站达 426 座，如果变电站巡检机器人代替人工进行巡检，将会节约巨大的人力、物力和财力，取得非常可观的经济效益。

1.4　本书主要内容

本书的主要内容包括：电网输变电设备智能巡检需求分析及技术现状和趋势、输电线路机器人智能巡检技术及应用、变电站机器人智能巡检技术及应用、输电线路和变电站机器人智能巡检标准等，具体内容如下。

（1）电网输电线路和变电站机器人智能巡检需求，输电线路和变电站机器人智能巡检方案，输变电设备机器人典型巡检模式。

（2）架空输电线路机器人全自主巡检系统，包括智能巡检机器人、地面监控基站、塔上太阳能自动充电基站等。

（3）输电线路机器人地线行驶路径及配套金具设计方法和工程应用，实现机器人安全高效地通过耐张塔、直线塔和防振锤等线路障碍物。

（4）输电线路机器人自动上下线成套装置设计方法和工程应用，实现机器人安全自主上下线作业。

（5）输电线路机器人多任务载荷系统设计方法，实现可见光、红外或激光扫描多传感器高精度检测。

（6）输电线路机器人视觉定位、能耗预测和风载检测控制技术，机器人全自主巡检技术，实现机器人自主定位、自主巡检、自主越障、自主运行、自主交互、自主故障诊断与复位。

（7）输电线路巡检机器人软件系统组成，包括机器人本体控制系统、地面监控基站人机交互控制系统、巡检数据管理系统等。

（8）架空输电线路机器人性能检测及实际带电运行线路复杂自然环境、电磁环境工况考核与示范应用情况，达到一定的实用化水平。

（9）变电站机器人全自主巡检系统组成及设计方法，包括机器人本体、充电系统、无线传输系统、本地监控后台及辅助设施等。

（10）变电站机器人智能巡检技术，包括机器人组合导航，基于特征地图和立体视觉的辅助定位，任务规划，可见光、红外及声音检测，基于立体视觉和红外图像的设备提取，机器人自动充电等。

（11）变电站机器人巡检系统调试和示范应用，实现机器人全自主巡检、巡检数据诊断和异常告警功能。

（12）输电线路和变电站机器人智能巡检相关标准介绍，包括输电线路巡检机器人、变电站巡检机器人产品技术标准，输电线路机器人、变电站机器人巡检技术标准等。

第2章　架空输电线路机器人巡检方法

2.1　机器人巡检问题分析

输电线路机器人巡检具有良好的应用前景和技术特色，但从目前研究现状看，国内外输电线路机器人巡检存在如下问题。

（1）线路机器人过塔能力较差。目前已有的大部分巡检机器人不能跨越杆塔，且采用"猿猴爬树"方式，可靠性及效率较低，并且无法识别和通过防振锤等异形障碍物。

（2）线路机器人上下线难度较大。目前巡检中普遍采用的带电作业吊装上下线方法存在耗时、耗力及作业风险高等缺点，不利于应用推广，需要解决机器人自动上下线的难题。

（3）线路机器人巡检手段单一。出于载重量与可靠性考虑，目前线路巡检机器人大多仅搭载单一传感器，巡检效率较低，可扩展性差。

（4）线路机器人尚未实现全自主巡检。全自主巡检需要机器人具备自主上下线、自主定位、自主识别障碍物和越障、自主巡检、自主充电等功能，但目前已有机器人巡检离不开频繁的人工干预。

针对输电线路机器人实用化巡检存在的上述关键问题，需要对机器人全自主巡检方案进行设计，一方面需要规划和建立机器人高效的行驶路径，另一方面要建立机器人全自主巡检系统，包括巡检机器人、机器人自主上下线成套装置、地面监控基站、太阳能充电基站、巡检后台管理系统等，并且要建立适用于实际线路巡检的机器人巡检模式。

2.2　机器人行驶路径的选择

根据架空输电线路结构的特点，机器人的行驶路径有两类，即导线和地线。综合考虑机器人巡检线路的效果、机器人上下线的方便性和安全性，选择地线作为机器人的行驶路径。相对于导线而言，以地线作为机器人的行驶路径具有如下优点：机器人上下线不需要人工带电等电位作业，机器人使用相对安全、方便；巡检仪器可以"居高临下"俯瞰线路，不仅视场角大，而且可以最大限度地减少太阳光对可见光摄像机巡检的影响。

1. 穿越越障机器人行驶路径

架空输电线路穿越巡检机器人是采用双臂行走轮滚动通过障碍物的方式实现越障的，对于直线杆塔，滚动通过防振锤、并沟线夹、悬垂线夹等障碍物，从而实现穿越通过直线杆塔；对于耐张杆塔，在地线横担处增设一条耐张过桥，机器人滚动通过防振锤、并沟线夹和耐张过桥，从而实现穿越通过耐张杆塔。图2-1是以500kV线路OPGW地线为机器人行驶路径的路径结构及机器人穿越越障的示意图。

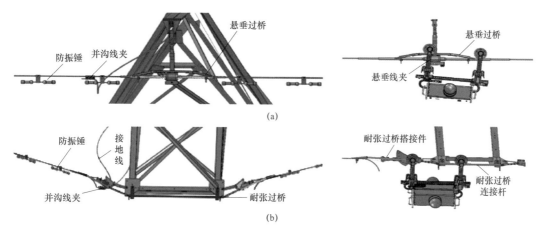

图 2-1　穿越越障机器人行驶路径及越障示意图
（a）直线杆塔；（b）耐张杆塔

2. 跨越越障机器人行驶路径

架空输电线路跨越巡检机器人是采用越障双臂行走轮交替脱离路径、双臂交替跨越障碍物的方式来实现越障的，对于耐张杆塔，则在地线横担处增加耐张过桥，机器人通过耐张过桥实现对耐张塔地线横担的跨越。图 2-2 是以 500kV 线路 OPGW 地线为跨越巡检机器人行驶路径的路径结构及机器人跨越越障的示意图。

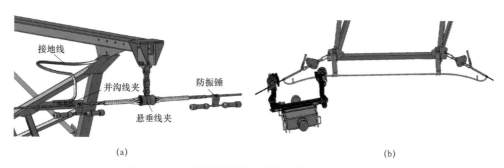

图 2-2　跨越越障机器人行驶路径及越障示意图
（a）直线杆塔；（b）耐张杆塔

2.3　机器人巡检模式

按照机器人控制方式，架空输电线路机器人有两种巡检模式：① 自主巡检，无操作人员干预，机器人按预先规划的路线及任务进行巡检作业；② 遥控巡检，操作人员通过地面监控基站操控机器人进行巡检作业。

机器人全自主巡检即机器人在巡检起始杆塔自动上线，在巡检终止杆塔自动下线，均无须人工登塔辅助，由自动上下线装置实现机器人自主上下线；在沿架空地线巡检过程中，只需事先设置机器人巡检所需的线路参数和任务规划，在无须人工干预、无须更换电池的条件下，机器人进行自主巡检和自主充电，整个巡检过程自动进行，全部巡检任务机器人自主完成。

为实现机器人沿架空地线全自主巡检，提高巡检质量与巡检效率，降低巡检风险，所设计的机器人全自主巡检系统应满足以下功能。

（1）机器人在巡检过程中需具备自主过塔能力，通过对架空地线进行必要的改造后，机器人可自主穿越防振锤、悬垂线夹等异形障碍。

（2）机器人采用自动上下线装置进行上下线作业，无须人工登塔辅助吊装，只需少量人员在地面辅助操作即可完成机器人上下线。

（3）巡检系统应具有多传感器融合功能，系统具备采集及处理高分辨率可见光影像、红外视频影像、高精度三维激光点云数据模块，能依据巡检任务选择相应模块配置数据采集方式。

（4）巡检机器人应具有能耗监测与在线自动充电功能，通过在线充电和对能量进行有效的管理，增强续航能力，增大巡检范围。

（5）机器人应能进行自主巡检，具有导航定位能力，能获得精确的定位信息；具有自动对准巡检目标能力，能克服行进中的振动干扰进行自动对焦，获得清晰的影像数据。

（6）巡检系统通信模块应兼容多种通信策略，能够依据信号强度情况实时选择切换通信方式。

图 2-3 所示为穿越越障机器人一站式部署的全自主巡检工作流程，即机器人在巡检起始杆塔上线和终止杆塔下线，均无须人工登塔，由自动上下线装置解决机器人的自动上下线；在起始杆塔至终止杆塔的巡检过程中，只需给定机器人巡检规划所需的线路参数，在无须人工干预、无须更换电池的情况下，机器人具有自主巡检和自动充电的全自主智能行为能力。

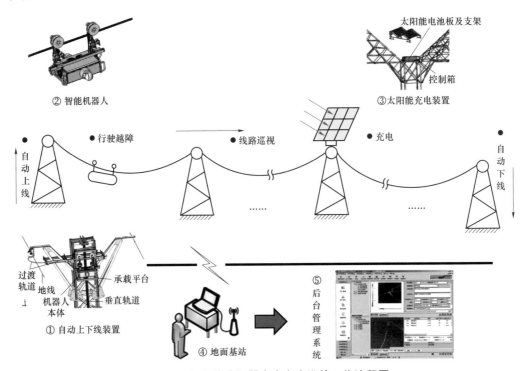

图 2-3 架空线路机器人全自主巡检工作流程图

根据输电线路巡检需求，线路机器人有三种典型巡检模式：① 挡距巡检；② 耐张段巡检；③ 多耐张段或全线巡检。

（1）挡距巡检。一般不改造行驶路径，无须跨越挡距内防振锤的，可采用穿越巡检机器人；需跨越挡距内防振锤的，可采用跨越巡检机器人。挡距巡检，一般适用于大跨越段或重要交叉跨越段巡检，或对存在安全风险的特殊区段巡检。

（2）耐张段巡检。一般不改造行驶路径，可采用跨越巡检机器人；如采用穿越巡检机器人，则需对耐张段内地线防振锤及直线塔地线悬垂线夹进行改造。耐张段巡检，一般适用于对输电线路疑似故障区段或特殊区段进行故障巡检和特殊巡检。

（3）多耐张段或全线巡检。一般需对行驶路径进行改造，如采用穿越巡检机器人，则需对地线防振锤、直线塔地线悬垂线夹进行改造，并搭建耐张塔地线过桥结构；如采用跨越巡检机器人，则仅需搭建耐张塔地线过桥结构。

对架空输电线路全线或多个连续耐张段进行巡检时，为提高巡检效率，宜对全线行驶路径进行改造，并采用穿越巡检机器人巡检。

第3章 架空输电线路机器人巡检系统

3.1 机器人巡检系统

架空输电线路穿越/跨越巡检机器人系统由智能巡检机器人本体设备（以下简称本体设备）、地面监控基站设备、太阳能充电基站设备、自动上下线成套装置、巡检后台管理系统等组成，图3-1所示为巡检机器人系统及其通信网络拓扑结构。

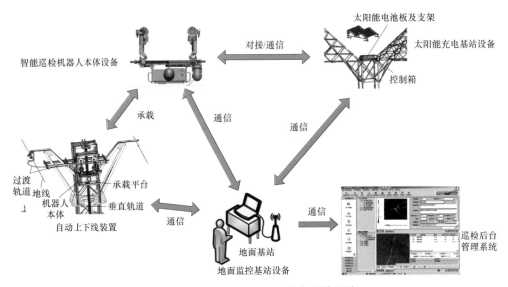

图3-1 架空输电线路机器人巡检系统

各设备（系统）的主要功能如下。

1. 本体设备

沿行驶路径行驶、爬坡、越障，搭载两台多自由度云台可见光摄像机和一台多自由度云台红外热成像仪，或两台多自由度云台可见光摄像机和一套激光扫描成像及其惯导和定位设备，实现对线路及其走廊的巡检。本体设备既是一台独立的智能巡检机器人，自主完成行驶路径的行驶和线路的巡检，也可受控于地面基站，实现地面基站的遥控操作。巡检图像、相对杆塔及其档段定位信息，既可在本体设备中存储，也可实时向地面基站传输。

2. 地面监控基站设备

地面监控基站主要负责与本体设备的通信、对本体设备的监控及其遥控操作、实时接收和显示本体设备下传的巡检图像等，同时还负责太阳能充电基站的监控。

3. 巡检后台管理系统

巡检后台管理系统主要负责对线路信息及巡检结果进行管理，提供巡检方案，包括线路信息的输入、修改，巡检结果（可见光图片、红外成像结果、激光测量结果）的导入、整理分类，生成巡检报告等。

4. 太阳能充电基站设备

太阳能充电基站安装在杆塔上，实现对机器人在线充电，与地面监控基站设备或其他具有 GPRS（general packer radio service，通用分组无线业务）通信终端设备进行通信。

5. 自动上下线装置

自动上下线装置安装在巡检线路起始和终止杆塔上，通过卷扬装置及过渡导轨实现机器人自动上线和下线。

3.2　机器人行驶路径设计

3.2.1　穿越越障机器人

1. 直线杆塔悬垂线夹设计

穿越越障巡检机器人，在地线上运行前进的主要方式为两臂滚轮同时滚动前进及两臂之间通过移动关节的收臂、展臂前进这两种方式，当遇到直线杆塔处的单联悬垂线夹、双联悬垂线夹时，无论是 LGJ 线路还是 OPGW 线路，由于悬垂线夹与杆塔相连的金具这一类障碍物的存在，地线穿越机器人无法直接通过，需要对悬垂金具进行相应的改造，给轮子留出一段滚动的空间，所以需要对悬垂线夹进行改造，在线上设计出让轮子滚动的一段道路。对于 LGJ/GJ 线路，我们采用在金具串上加入一个 C 型挂板的方式来进行改造。对于 OPGW 线路，由于线夹的尺寸大，机器人的行走轮无法在其上行走，故除了需要增加一个 C 型挂板外，还需要在 C 型挂板结构中增加一段道路来供机器人行走，并用铰结构来确保该过桥适应各种不同的坡度，双悬垂的结构也类似，如图 3－2 所示。

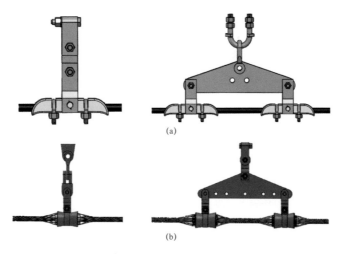

(a)

(b)

图 3－2　改造前后悬垂线夹的结构对比图（一）

（a）改造前 LGJ/GJ 悬垂线夹；（b）改造前 OPGW 悬垂线夹

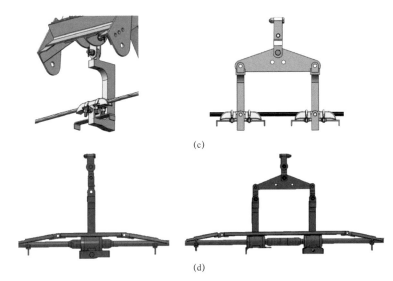

（c）

（d）

图 3-2　改造前后悬垂线夹的结构对比图（二）

（c）改造后 LGJ/GJ 悬垂线夹；（d）改造后 OPGW 悬垂线夹

　　分别在 LGJ、GJ、OPGW 三种地线类型上对机器人做了运行试验，机器人行走轮在这三种类型的地线上均可以安全稳定地行走。

　　机器人能通过杆塔的条件是机器人在通过杆塔时，机器人的内侧摄像机不会碰到杆塔自身的结构，对于干字塔及羊角塔等典型塔型，经过试验验证及仿真建模，机器人均可通过。对于猫头塔，则需要另外验证其通过性，如图 3-3 所示，当猫头塔的地线悬挂点与旁边地线支架的水平距离不小于 450mm 时，机器人则可顺利地通过该塔头（穿越机器人通过增加 C 型挂板，跨越机器人直接跨过）。

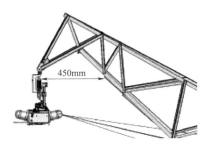

450mm

图 3-3　机器人通过猫头塔的条件

2. 耐张杆塔行驶路径设计

　　耐张塔地线连接结构及其横担，是机器人通过的阻挡型结构，而在塔头上增设一段耐张过桥，则可解决机器人对耐张杆塔的通过性问题。

　　耐张结构应当在横担外侧搭接一段过桥来供机器人行走，并且过桥应该与杆塔及金具串各有两处搭接点来保证桥梁的强度，由于三种耐张结构的相似性，所以总体改造方案类似，过桥结构整体分为四段，分别为直线段、变曲率段即柔性结构段、金具固定结构及与地线搭接段。其中，柔性结构段由四个零件组成，这四个零件的长度不同，可以调节不同长度的柔性导轨，柔性结构段中间穿过一根钢丝绳，可以保证不会约束机器人在过桥上的运动，与地线连接的部分采用 U 型螺钉连接；地线搭接部分与金具固定结构通过螺栓连接，金具固定结构与直线段通过柔性结构连接，改造前后的结构如图 3-4 所示。

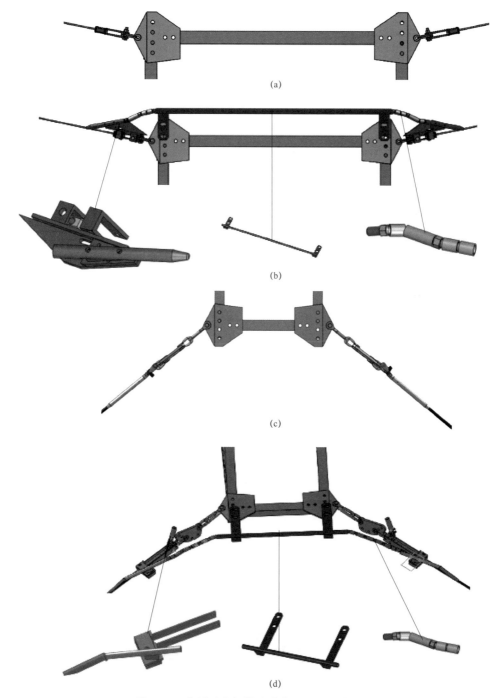

(a)

(b)

(c)

(d)

图 3-4　穿越耐张杆塔改造前后对比图（一）

（a）GJ 耐张杆塔现有结构；（b）穿越 GJ 耐张杆塔过桥结构；（c）LGJ 耐张杆塔现有结构；（d）穿越 LGJ 耐张杆塔过桥结构

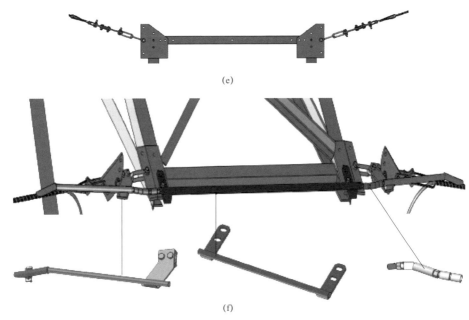

（e）

（f）

图 3-4　穿越耐张杆塔改造前后对比图（二）

（e）OPGW 耐张杆塔现有结构；（f）OPGW 穿越耐张杆塔过桥结构

3. 障碍物组合行驶路径设计

对于 LGJ/GJ/OPGW 地线，接地线及并沟线夹的布置方式需要进行更改，改造的总体思路是并沟线夹不能影响行走轮的行走，且接地线不能在机器人的运行轨迹中对机器人的运行造成干扰。由于三种线路的悬垂及耐张结构的接地线与并沟线夹结构相似，故改造方法也类似。同时，需要对防振锤的布置提出一些要求，来保证机器人顺利越障，防振锤之间的间隔要有一定的要求，总体改造方案如图 3-5 所示。

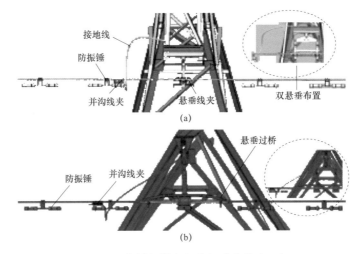

图 3-5　穿越机器人组合行驶路径（一）

（a）LGJ 或 GL 地线的直线塔位置改造方案；（b）OPGW 地线的直线塔位置改造方案

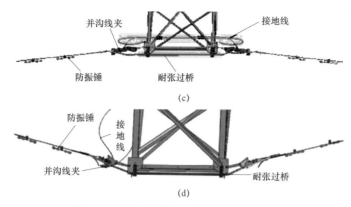

图 3-5　穿越机器人组合行驶路径（二）

（c）LGJ 或 GL 地线的耐张塔位置改造方案；（d）OPGW 地线的耐张塔位置改造方案

3.2.2　跨越越障机器人

对于 LGJ/GJ/OPGW 地线的悬垂结构，由于三者结构类似，都是一组金具串与悬垂线夹相连接，所以可以一起考虑。由于跨越机器人可以采用跨越越障的方式，所以对于悬垂部分不需要对其进行改造就可以直接越过悬垂结构。双悬垂由于其结构比较大，需要特殊考虑，经过多次试验验证，跨越机器人可以通过一次跨越越过双悬垂线夹，故双悬垂也无须进行改造。

对于 LGJ/GJ/OPGW 线路的耐张结构，应当在横担外侧搭接一段过桥来供机器人行走，由于跨越机器人可以一个机械臂离开线路，故过桥搭接部分可直接搭接在地线上并用 U 型螺栓连接，无须考虑过渡部分，横担上用螺栓连接，针对不同的地线塔头，跨越耐张过桥结构也不同，转弯处的半径不得小于 400mm，否则会使机器人越障困难。耐张过桥结构由塔头连接部分、过桥杆及 U 型螺钉组成，过桥与地线连接部分用 U 型螺钉连接，保证与地线的连接可靠。其改造前后结构如图 3-6 所示。

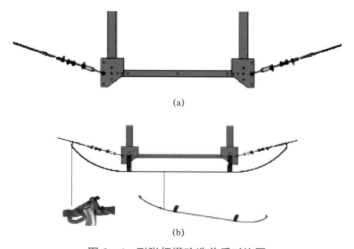

图 3-6　耐张杆塔改造前后对比图

（a）耐张杆塔现有结构；（b）跨越耐张杆塔过桥结构

对于 LGJ/GJ/OPGW 地线，改造的总体思路是并沟线夹不能影响脱轨后机械臂的运动轨迹，且接地线不能在机器人的运行轨迹中对机器人的运行造成干扰，由于三种线路的悬垂及耐张结构的接地线与并沟线夹结构相似，故改造方法也类似。同时，需要对防振锤的布置提出一些要求，来保证机器人顺利越障，防振锤之间的间隔要有一定的要求，总体改造方案如图 3-7 和图 3-8 所示。

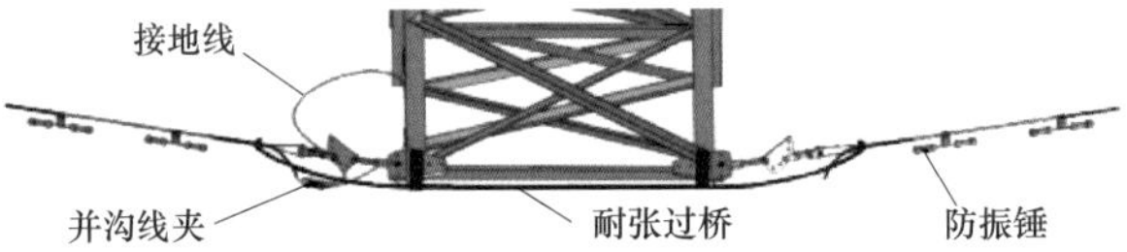

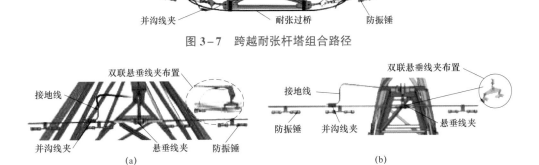

图 3-7　跨越耐张杆塔组合路径

图 3-8　跨越直线杆塔组合路径

（a）OPGW 地线直线塔改造方案；（b）LGJ 或 GJ 地线直线塔改造方案

3.3　机器人本体设备

巡检机器人本体是沿地线行驶的智能巡检机器人，实现沿地线的行驶，穿/跨越直线杆塔、耐张杆塔、防振锤、接续管等障碍物，搭载可见光摄像机对线路进行巡检，巡检图像或数据既可以存储在本体中，又可实时无线下传到地面基站或后台监控服务器，既可以自主工作，又可以通过地面控制基站或后台监控服务器对其进行遥控操作；巡检机器人本体与地面控制基站和后台服务器之间，通过 4G 网络或以太网络通信。

3.3.1　穿越越障机器人

1. 本体设备

本体设备由机械系统、运动控制系统、电源监控与管理系统、通信系统、多源信息融合的导航定位系统、控制箱、任务载荷系统等组成。机械系统包括行走机构、压紧机构、锁臂机构、移动机构等。运动控制系统、电源监控与管理系统、通信系统布置在控制箱总成中。任务载荷系统包括两台可见光云台、红外扫描仪和激光扫描仪，其中可见光云台配合红外扫描仪与可见光云台配合激光扫描仪分别是两种配置方式，根据不同的任务选择合适的配置方式使用。图 3-9 分别为穿越越障机器人本体搭载红外扫描仪和激光成像仪的仿真图。

（1）机械系统。

穿越式巡检机器人机械系统主要包括行走机构、压紧机构、锁臂机构、移动机构等各总成，总成可实现快速安装与拆卸，以便于机器人的维护。其中，行走机构在巡检全过程中都承受了整个机器人的重量和动载荷，行走机构行走驱动电动机置于行走轮轴内，通过行走电

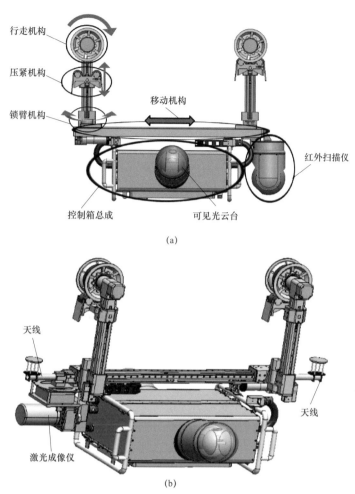

图 3-9 穿越越障机器人本体设备仿真图

（a）搭载红外扫描仪；（b）搭载激光成像仪

动机法兰驱动行走轮，行走轮中部为聚氨酯材料，是高弹性和高摩擦材料，增加与地线之间的摩擦，同时消除了对地线的磨损。机器人在蠕动爬行和大坡度滚动行走时，需通过压紧机构的升降来调节对地线的正压力。当机器人在直线段行走及穿越直线杆塔时，要求机器人手臂不能绕自身轴线旋转，但机器人在穿越耐张杆塔时，要通过一段变曲率柔性过桥，此时要求机器人手臂能够绕自身轴线旋转以适应耐张过桥。移动机构用来实现机器人的收臂和展臂，移动机构中移动本体上固定的移动导轨作用是与机械臂上的移动滑块进行连接，使机械臂沿机体运动。

（2）运动控制系统。

行走轮的速度控制精度要求比较高，需要实时速度控制以防止打滑，为此，行走轮电动机采取控制性能较好的直流有刷电动机，并且在电动机端部安装有脉冲编码器，以实时准确的检测速度反馈。在压紧轮轴端，安装了编码器，用于检测机器人行走打滑的状况；在两个压紧轮支架上，还分别安装了两个超声波测距传感器（共四个），用于检测机器人相对于障碍物（如防振锤）的距离。所有的电动机减速器编码器/制动器及其电缆、限位开关传感器及其电缆等，均嵌装在机械结构中。

（3）电源监控与管理系统。

巡检机器人采用单一电源供电，电源监控管理系统主要负责对机器人工作过程中的电源电压、电流变化进行监控，对剩余电量进行预估计，同时对机器人上搭载的设备进行能量管理。能耗预测及其控制策略将细分为两个部分，一是根据锂电池放电曲线及剩余电量函数预估出机器人的剩余电量；二是根据线路能耗模型分别计算出机器人各部分及线路各部分能耗情况，根据剩余电量预测续航里程及时间。充电对接完成后，通过传感器检测电信号，以及检测电流和充电过程中电流的变化，以达到对充电的监控，以便控制机器人对充电过程进行控制，充电完成后控制机器人的充电头离开充电座。

（4）通信系统。

本体设备和地面基站搭载 GPRS、4G 和无线 wifi 三种通信装置，每个太阳能充电基站塔上安装一套载波通信装置和一套 wifi 通信装置。本体设备与太阳能充电基站之间则采用有线通信，机器人利用行走的地线进行载波通信。机器人本体及其地面基站之间采用如下三种通信模式：① 本体设备与地面基站设备由 wifi – 载波构成的有线和无线混合通信；② 本体设备与地面基站设备直接通过 4G 公网通信；③ 本体设备与地面基站设备直接通过 GPRS 公网通信。在上述通信模式中，机器人本体设备始终在检测第一种通信模式（位于最高优先级），因此，当第二种或第三种通信模式不满足或执行第三种通信模式时，wifi 中断期间巡检的图像信息将存储在机器人本体设备中，而当 wifi 链接有效时再实施传输。

（5）多源信息融合的导航定位系统。

机器人在自主运行过程中，利用数据库信息及运行前设置好的规划信息，可以实时获取它运行时所在的杆塔区段。导航定位系统通过多源信息融合，能实时掌握机器人本体在运行时所在杆塔段的位姿，即运行过程中相对上一基杆塔的某个初始定位点的空间位置及姿态。整个系统主要利用行走轮编码器、压紧轮霍尔计数器、倾角传感器，在机器人运行过程中获取信息数据，并且判断处理以获取到运行过程中实时的空间位姿。利用多源信息融合的导航系统可以帮助运维人员了解机器人的实时位置，并实现自动巡检。

（6）控制箱。

控制箱总成中包括小控制箱、电池、天线、均压环、各开关及接头等，如图 3 – 10 所示。小控制箱包括运动控制系统、电源监控与管理系统、通信系统等。

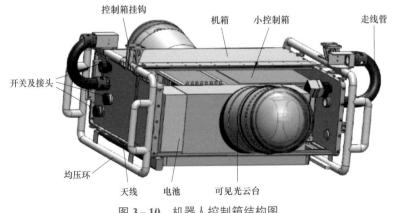

图 3 – 10　机器人控制箱结构图

控制箱设计的要求如下。

1）为了防止雨天在户外工作时小控制箱及电池进水，导致电路损坏，要求控制箱采用防雨封装。

2）由于小控制箱及电池的发热量较大，而一些元器件的工作条件受温度的限制，因此要求控制箱能及时散热。

3）为减小整个机器人的负载和质量，要求控制箱轻量化。

控制箱采用筋加密封条的结构以达到防雨功能，且开关及各接头均采用防雨接头。控制箱底部装有风扇并加置风道，以此方法可使控制箱能及时散热。

2. 穿越越障巡检技术

（1）适应 110kV 及以上 OPGW/LGJ/GJ 路径的通过性技术。

在高压输电线路中，机器人要通过悬垂、耐张等所有障碍物，其中固定在地线上的防振锤连接位置直径最大，为保证机器人能够穿过所有障碍物完成巡检任务，要求行走轮包裹半径 R 大于防振锤连接位置的半径 r，行走轮独特的凹槽回转结构和包裹性设计最大可通过线径为 40mm，使其能通过并完成巡检任务，图 3-11 为穿越越障机器人模型通过防振锤的仿真图。需通过的障碍物中最长跨度为双联悬垂线夹，要求设计两个机械臂的展臂最大距离满足 $b > a$，图 3-12 为穿越越障机器人模型通过双联悬垂线夹的仿真图。为适应金具最大高度尺寸结构（即充电座），设计压紧轮与行走轮的最大开度应满足 $l > k$，图 3-13 为穿越越障机器人模型通过充电座的仿真图。为适应耐张过桥的不同角度，设计锁臂机构有一定的摆度，图 3-14 为穿越越障机器人模型通过耐张过桥的仿真图。

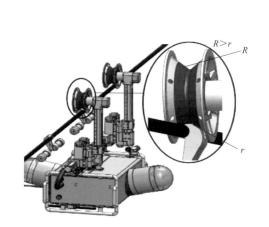

图 3-11 穿越越障机器人模型通过防振锤的仿真图

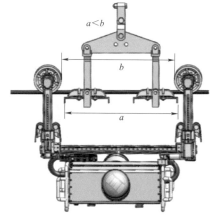

图 3-12 穿越越障机器人模型通过双联悬垂线夹的仿真图

（2）安全性技术。

机器人行驶、越障过程中，在风载和机器人抖动的作用下，机器人必须保护自己不脱离轨道，由此设计行走轮采用凹槽回转结构包覆地线，凹槽结构能使行走轮与地线接触面积增加，同时在机器人爬行时地线也不会轻易脱出凹槽；凹槽结构的行走轮与压紧轮一起，将地线约束在结构中，因此行走轮具有导向作用，使机器人在行驶中过程具有高安全性。机器人还搭载了风载作用摆动幅度检测与控制系统，以便及时发现危险并做出相应的处理。另外，

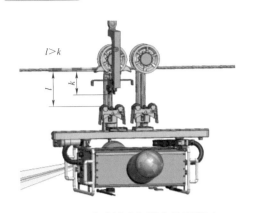

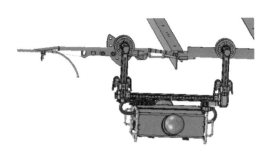

图 3-13 穿越越障机器人模型通过
充电座的仿真图

图 3-14 穿越越障机器人模型通过
耐张过桥仿真图

在机械臂与机体连接处设计锁臂机构，防止机器人在直线行驶时摆动。穿越越障机器人及行走轮三维模型如图 3-15 所示。

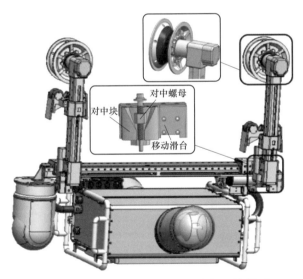

图 3-15 穿越越障机器人及行走轮三维模型

（3）适应环境温度的技术。

由于机器人要适应寒冬和酷暑的温度考验，因此按最低温度零下 10℃、最高温 60℃ 选择所有的元器件及其单元部件，并在控制箱底部设计风扇和风道使发热元器件能及时通风散热，如图 3-16 所示。

（4）适应雨雪天气的防水密封及其结构技术。

控制箱采用筋加密封条的结构以达到防雨功能，且开关及各接头均采用防雨接头。控制箱结构如图 3-16 所示。所有的电动机、减速器、编码器/制动器及其电缆、限位开关传感器及其电缆等，均嵌装在机械结构中。此外，可见光摄像机也做了透明的塑料防雨罩并用螺纹连接，以此达到防雨封装的目的。

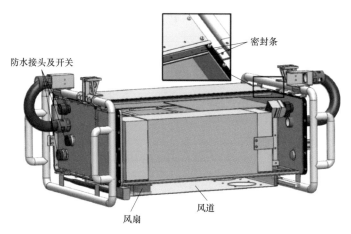

图 3-16 控制箱结构

穿越越障机器人具有巡检效率高、自主性强等特点，但需要对线路进行较多的改造。如图 3-17 所示为穿越越障巡检机器人本体搭载了红外线扫描设备的实体图。

图 3-17 穿越越障巡检机器人本体设备

3. 本体机构工作原理

穿越式巡检机器人共有四个自由度，分别为行走机构移动副具有移动副 1，可以使机器人沿着线路行驶；压紧机构具有沿着手臂上下移动的移动副 2，压紧机构与地线压紧可以增大行走轮与地线之间的摩擦力，防止爬坡时打滑，从而使机器人具有更强的爬坡能力；回转机构具有自适应的转动副 3，使机器人可以自适应穿越具有转角的耐张过桥；移动机构具有左右移动的移动副 4，可以使手臂在机体上移动，从而可以实现以"蠕动"方式（即一只臂压紧线路，另一只臂松开，通过移动机构使机体与臂相对移动）在大坡度的线路上过障。穿越越障巡检机器人机构简图如图 3-18 所示。

4. 穿越越障巡检试验

（1）本体设备对路径的通过性和适应性检验。

经过在试验场地的杆塔上多次试验证明，穿越越障机器人可以平稳地通过耐张过桥、单联悬垂线夹、双联悬垂线夹、防振锤等障碍物，能够完成自主巡检任务。图 3-19～图 3-21 分别为穿越越障机器人过耐张过桥、双联悬垂线夹、防振锤的实物图。

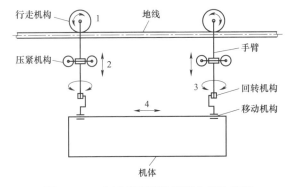

图 3-18　穿越越障巡检机器人机构简图

（2）本体设备的爬坡性能试验。

穿越越障机器人搭载了激光扫描仪或红外线扫描仪之后做了爬坡试验，爬坡能力达30°，如图3-22所示。

图 3-19　穿越越障机器人过耐张过桥

图 3-20　穿越越障机器人过双联悬垂线夹

图 3-21　穿越越障机器人过防振锤

图 3-22　穿越越障机器人爬坡试验

3.3.2　跨越越障机器人

跨越越障机器人由于机构不同，其越障方式与穿越越障机器人有本质的区别，但其搭载的巡检设备与穿越越障机器人搭载的巡检设备完全一样，故巡检技术、控制技术与通信技术等关键技术完全相同。

1．本体设备

本体设备由机械系统、运动控制系统、多源信息融合的导航定位系统、电源监控与管理系统、通信系统、任务载荷系统及手眼视觉系统等组成。机械系统包括行走机构、压紧机构、锁臂机构、机体、机械臂等。运动控制系统、电源监控与管理系统、通信系统布置在控制箱总成中。任务载荷系统包括两台可见光云台、红外扫描仪，图 3－23 为跨越越障机器人本体的仿真图。

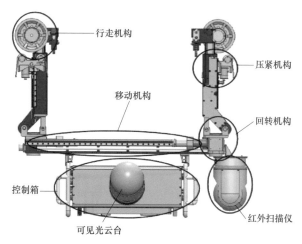

图 3－23　跨越越障机器人本体的仿真图

图 3－24 为跨越越障机器人实物图，该机器人的优点是适应性极强，在未进行较大改造的线路上可自主跨越障碍；缺点是行走效率不如穿越越障机器人。

图 3－24　跨越越障机器人实物图

跨越越障机器人的运动控制系统、电源监控与管理系统、通信系统与穿越越障机器人相同，但跨越越障机器人比穿越越障机器人多了手眼视觉系统。

手眼视觉系统：机器人要完成自主跨越越障，必须首先依靠模式识别或图像处理等手段识别及定位地线，计算离线手臂与地线的相对关系，且该过程必须快速准确。缺少这一智能，机器人将依赖人工指挥和人工判断，越障效率低下，且增大了机器人遥控操作的难度，对地面操作人员提出了更高要求，且容易产生误操作。为了提高机器人的自主越障能力，提出采用手眼视觉伺服找线的方法，不仅在精度上满足机器人的运行要求，而且有很强的适应性。

2. 跨越越障巡检技术

（1）适应 110kV 及以上 OPGW/LGJ/GJ 路径的通过性技术。

为了通过高压输电线路上的各种障碍物，跨越越障机器人与穿越越障机器人一样，行走轮采用独特的凹槽回转结构、包裹性设计，最大可通过的线径为 40mm，图 3-25 为跨越越障机器人过防振锤的仿真图。为通过障碍物中最长跨度（即双联悬垂线夹），设计两个机械臂的展臂最大距离，图 3-26 为跨越越障机器人过双联悬垂线夹的仿真图。为适应耐张过桥的不同角度，设计俯仰关节和回转机构使机械臂能 360°回转，图 3-27 为跨越越障机器人过耐张过桥的仿真图。

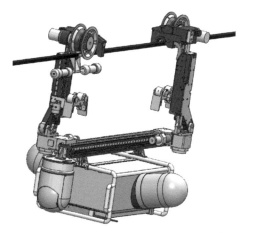 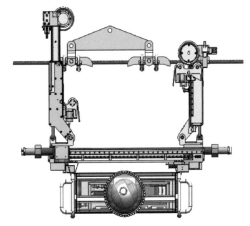

图 3-25 跨越越障机器人过防振锤的仿真图　　图 3-26 跨越越障机器人过双联悬垂线夹的仿真图

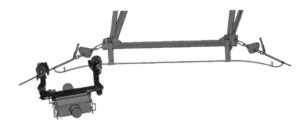

图 3-27 跨越越障机器人过耐张过桥的仿真图

（2）安全性技术。

跨越越障机器人与穿越越障机器人相比，除了行走轮采用凹槽回转结构包覆地线行驶、搭载风载作用摆动幅度检测与控制系统外，还增加了夹爪，用来夹紧线缆保证自身安全，如图 3-28 所示。

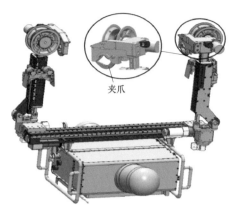

图 3-28　跨越越障机器人三维模型

3. 本体机构工作原理

跨越越障机器人机构构型是该机器人机构的关键问题之一。机器人机构构型的原理简图，如图 3-29 所示，即双臂反对称轮式悬挂、双臂交互错臂、变长臂、轮爪臂复合的 7 自由度（7-DOF）、共 11 轴。

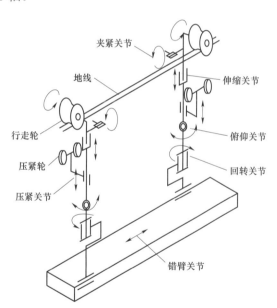

图 3-29　跨越越障机器人机构构型

图 3-29 中，反对称双臂各有一个伸缩关节、一个俯仰关节、一个回转关节，双臂共用一个错臂关节；每个臂的末端各有一个行走关节（行走轮）、一个夹紧关节（夹爪）、一个压紧关节（压紧轮），为了减少机构的自由度，压紧关节与臂的伸缩关节共一个自由度；每个臂的三个末端关节分别与各自的机械臂进行复合，即轮爪臂复合。其中，行走（轮）关节提供机器人沿地线的移动（滚动），夹紧关节提供夹持地线所需的夹持运动，压紧（轮）关节提供行走轮压紧力所需的运动，伸缩关节提供臂的变长运动，俯仰关节和回转关节分别提供沿水平轴和沿垂轴的转动，错臂关节则提供双臂的交互错臂滑移运动。这一 7-DOF、共 11 轴的机器人机构构型，可提供机器人在地线上行驶的如下运动：① 在直线无障碍段，当地

线坡度较小时，双悬挂行走轮提供机器人的滚动行驶；② 当地线坡度较大时，压紧轮提供压紧力，双悬挂行走轮在压紧状态下滚动爬坡行驶；③ 当地线坡度极大时，一个臂的压紧轮紧压地线和夹爪夹持地线，另一个臂的夹爪松开、压紧轮及臂变长运动脱离地线，双臂交互这一过程，提供机器人在地线上双臂交替蠕动或双臂错臂攀爬行驶；④ 当遇到障碍物时，双臂交替跨越障碍物，且由伸缩关节、俯仰关节和回转关节、错臂关节所构成的复合运动，提供越障臂末端行走轮抓握地线所需的位置姿态调整运动。

4. 跨越越障巡检试验

（1）机器人对路径的通过性和适应性检验。

经过在试验场地的杆塔上多次试验证明，跨越越障机器人可以平稳地通过耐张过桥、单联悬垂线夹、双联悬垂线夹、防振锤、并沟线夹等障碍物，能够完成自主巡检任务。图3-30～图3-32分别为跨越越障机器人过耐张过桥、双联悬垂线夹、防振锤的实物图。

图3-30 跨越越障机器人过耐张过桥

图3-31 跨越越障机器人过双联悬垂线夹

图 3 – 32 跨越越障机器人过防振锤

（2）机器人爬坡性能试验。

跨越越障机器人搭载激光扫描仪或红外线扫描仪后进行爬坡试验，如图 3 – 33 所示，爬坡能力达 20°。

图 3 – 33 跨越越障机器人爬坡试验

3.4 地面监控基站

由车载或人工携带的地面移动监控操作平台，与巡检机器人本体之间通过以太网或 4G 公网通信，实时接收机器人的状态信息、发送地面遥控指令、接收并保存巡检图像与数据、对巡检机器人本体进行视频监控。地面监控基站的三维设计图与实物图，如图 3 – 34 所示。

地面监控基站的主要发热部件为 PCM9363 工控机和模块电源。采用风扇对流通风的方式对地面基站箱内部进行散热，如图 3 – 35 所示，风从风扇口进入风道，流经散热片对控制盒进行散热。该结构具有良好的散热性能，使工控机和模块电源的发热都处于所能承受的最大发热温度范围以内，保证其正常工作。

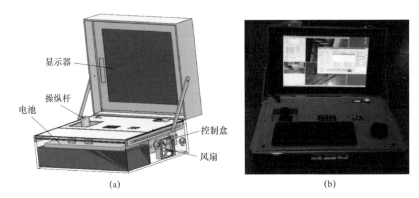

图 3-34 地面监控基站的三维设计图与实物图

（a）三维设计图；（b）实物图

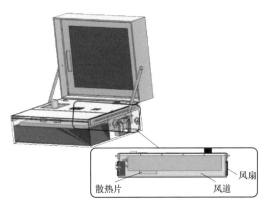

图 3-35 地面监控基站散热结构

3.5 塔上充电装置

1. 太阳能自动充电原理

太阳能自动充电基站设备由太阳能电源、储能蓄电池及其充电监控和网络通信、充电座等三个单元组成，其中太阳能电源和储能蓄电池安装在杆塔上，充电座安装在地线的线夹上，而充电头则安装在机器人机械臂的末端上。当巡检机器人运行到充电基站杆塔处时，由机器人自动实现充电头和充电座的对接充电及充电自动监控，充满电后，机器人与充电座自动分离。此外，太阳能充电基站设备与地面监控基站或后台服务器由 4G 公网通信，并由地面监控基站或后台服务器对充电基站进行监控。太阳能充电基站能量传递图如图 3-36 所示。

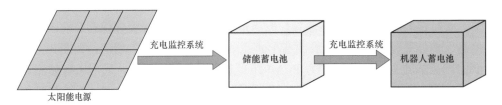

图 3-36 太阳能充电基站能量传递图

2. 充电基站的结构与安装方式

（1）充电基站系统组成。

太阳能充电基站主要由太阳能电池板及支架、蓄电池及电池箱、控制箱、通信天线及充电座组成。太阳能充电基站的总体结构及其在输电线路杆塔上的安装方式如图 3-37 所示。

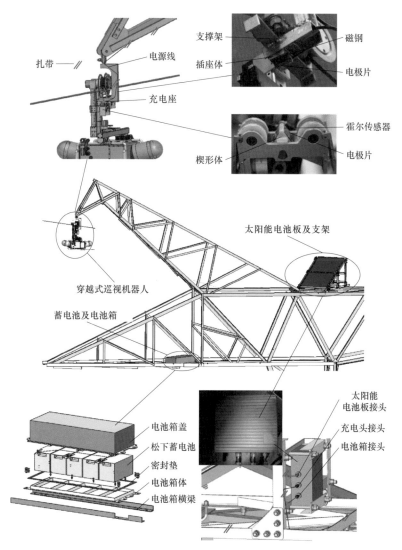

图 3-37　太阳能充电基站总体结构图

（2）太阳能自动充电试验。

机器人行驶到预定位置，实现充电头与充电座的对接。然后通过控制软件的反馈参数判定对接是否完成。在确定对接之后，通过控制软件控制蓄电池向锂电池充电的充电电流。

充电头与充电座的对接过程如图 3-38 所示，步骤依次如下：① 机器人前进碰检；② 前臂压紧轮松开到位；③ 机器人外碰计数展臂；④ 前臂压紧轮计数压紧；⑤ 对接完成开始充电。

试验结果分析：通过对充电电流的控制，能够高效地对机器人锂电池进行充电，总时间

4h，锂电池由 35.8V 充电至 42V，能够满足需求。在整个充电过程中，锂电池的电压稳定提升，波动幅度不大，在稳定性方面也能满足需求。

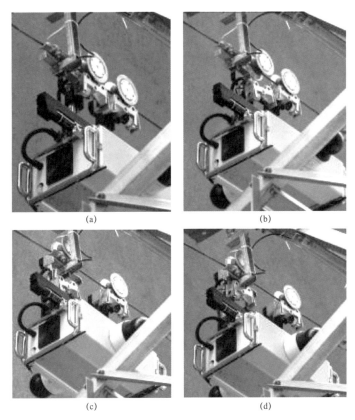

(a)　　　　　　　　　　(b)

(c)　　　　　　　　　　(d)

图 3－38　充电头与充电座的对接过程

（a）机器人前进碰检；（b）前臂压紧轮松开到位；（c）机器人外碰计数展臂；（d）前臂压紧计数压紧

3.6　自动上下线装置

3.6.1　工作原理

机器人上下线是将机器人由地面提升至杆塔地线高度，并将其按工作位置悬挂在地线上，或将巡线完毕的机器人从地线上取下，并安全下降至地面的作业过程。目前，机器人上下线主要采用人工辅助上下线方法，在人工操作辅助下，利用悬挂于地线的起吊装置，把机器人起吊至地线附近，依靠人力攀爬杆塔，带电作业，把地线附近的机器人从起吊装置上取下来并悬挂在杆塔地线上；或者把巡线完毕的机器人人工辅助挂在起吊装置上，安全降落至地面。由于输电线路杆塔电压等级及杆塔高度较高，这一方法存在劳动强度大、工作效率低、具有触电、高空坠落等安全隐患。

针对人工辅助机器人上下线方法存在的问题，提出了一种自动上下线方法，并对其自动上下线装置进行设计。不需要人工攀爬铁塔，通过架设恰当的上下线通道，可以使机器人实现自动上下线，从而减少人力物力的使用，减少工作人员的劳动强度，保证人员和电网的安全。

3.6.2　装置总体结构

　　自动上下线成套装置主要由起吊吊篮、垂直导轨、引导导轨、绝缘绳、卷扬机组成，如图 3－39 所示。卷扬机安装在杆塔顶部的塔身上，工字钢垂直导轨分段拼接而成，沿着杆塔塔身一侧延伸至塔头；起吊滑轮和引导导轨固定在塔头支撑架上，塔头处的引导导轨主要由直线导轨、弧线导轨、坡度导轨、转角导轨组成，如图 3－40 所示；引导导轨沿着杆塔塔头正面一侧布置有缺口的、不连续的直线导轨，直线导轨缺口两侧焊接有"喇叭口"导轨对接装置，主要用于起吊极限位置的定位，保证吊篮上的吊篮导轨在起吊平面倾斜的情况下也能与直线导轨平稳对接，从而形成完整的引导机器人进入地线的轨道；柔性导轨由球铰零部件通过钢丝绳串接而成，可以通过调节球铰零部件个数，适应不同坡度及不同转角的耐张塔；缠绕在卷扬机上的钢丝绳从塔底塔身内侧延伸至塔头，绕过吊装滑轮组，连接到塔身外侧的吊篮上，吊篮能够沿着工字钢导轨上下运动，主要用于机器人的固定吊装。通过卷扬机对连接在吊篮上的钢丝绳的牵引，装载有机器人的吊篮沿着工字钢导轨从地面移动至塔头引导导轨处，吊篮导轨和引导导轨通过"喇叭口"形式的导轨对接装置形成完整的进入地线的导轨，使机器人沿着引导导轨前进进入地线。机器人下线与上线流程相反。

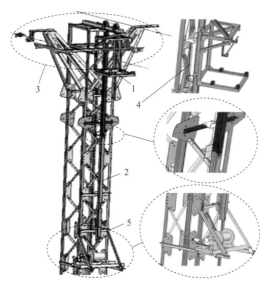

图 3－39　自动上下线成套装置整体结构
1—起吊吊篮；2—垂直导轨；3—引导导轨；4—绝缘绳；5—卷扬机

　　对于不同类型的耐张塔，上下线装置只需要根据不同的塔头结构设计不同的引导导轨支撑装置，就能适应不同类型的杆塔，这种上下线装置具有一定的普遍适用性。

3.6.3　装置各部分组成

1. 塔底结构

　　塔底结构由机械结构及控制部分组成，机械结构包括塔底支撑角钢、角钢夹具、机械摇柄、减速器、减速器支撑座、直流电动机、电动机支撑座、卷扬机，控制部分包括集成控制

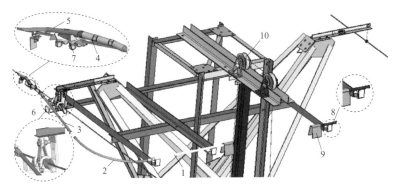

图 3-40　塔头引导导轨结构

1—直线导轨；2—弧线导轨；3—坡度导轨；4—柔性导轨；5—转角导轨；6—导轨坡度调节件；

7—转角导轨支撑件；8—L 型导轨支撑件；9—导轨对接装置；10—起吊滑轮

箱、自动上下线充电器和遥控手柄。其安装结构图和各部分实体图分别如图 3-41 和图 3-42
所示。

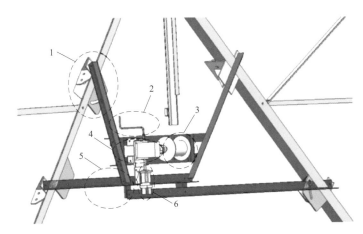

图 3-41　塔底安装结构总图

1—角钢夹具；2—机械摇柄；3—卷扬机；4—减速器和减速器支撑座；5—支撑角钢；6—电动机和电动机支撑座

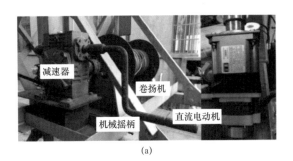

(a)

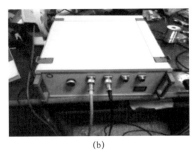

(b)

图 3-42　自动上下线成套装置各部分实体图（一）

（a）塔底安装实体结构图；（b）集成控制箱图

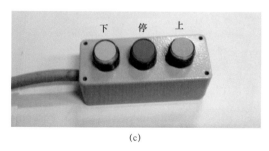
(c)

(d)

图 3－42　自动上下线成套装置各部分实体图（二）

（c）遥控手柄；（d）自动上下线充电器

2. 塔顶结构

塔顶结构主要由塔顶安装角钢、吊装滑轮、对接喇叭口、引导导轨和地线过桥组成，其整体布局图如图 3－43 所示。

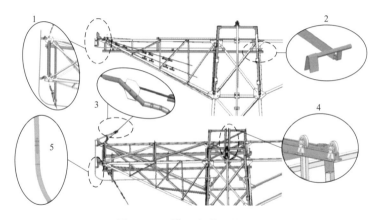

图 3－43　塔顶安装结构总图

1—引导导轨；2—对接喇叭口；3—并线桥；4—吊装滑轮；5—引导导轨连接

塔顶角钢与塔身之间采用夹具连接，对竖直方向上的四根角钢分别进行了结构上的修改。其中，有两根没有背靠背安装的角钢，利用塔上的螺栓孔进行定位，再用夹具夹紧。另外两根有背靠背安装的角钢干涉，采用的方法是将角钢分为两个部分，并用方钢进行连接。穿螺栓的方式是指先把螺栓放入方钢中，在外侧拧紧螺母的方式，用扩孔的方式进行定位，并用夹具进行连接，其结构图如图 3－44 所示。

3. 塔身结构

塔身主要安装起吊吊篮时所用的工字钢导轨和工字钢导轨与塔身连接的支撑定位角钢。角钢与塔身之间采用夹具连接，工字钢可拼接，用螺栓连接。塔身与工字钢之间共有 9 处连接，采用夹具将角钢与塔身定位并固定，再连接工字钢导轨，夹具采用螺栓紧固的方式，利用摩擦力来夹紧角钢。该夹具具有角度调节功能，可以调节 30°。角钢一面切角并反向焊接，使在塔面某一段上出现角钢背靠背结构时仍能保证安装的可靠和定位，其结构图如图 3－45 所示。

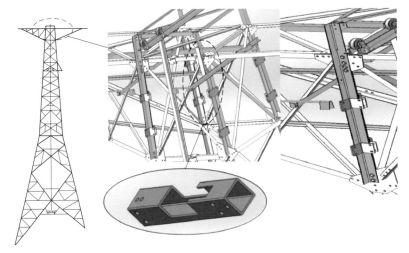

图 3－44　塔顶角钢连接结构图

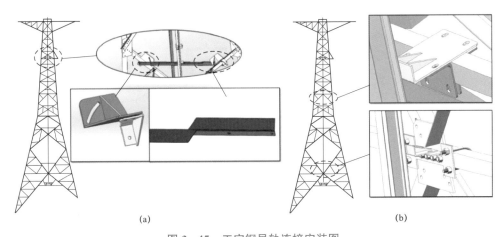

(a)　　　　　　　　　　　　　　　　　(b)

图 3－45　工字钢导轨连接安装图

(a) 塔身角钢安装结构图；(b) 横担夹具结构图

4. 吊篮结构及运行

在上下线的运行中，吊篮搭载移动机器人本体，在塔底卷扬机电动机的驱动下，在起吊钢丝绳的牵引下，沿着工字钢导轨到达塔顶，与塔顶的喇叭口对接碰检并定位。机器人沿着引导导轨进入地线开始巡检任务，巡检完成后按照此流程返回地面。吊篮及其部分结构图如图 3－46 所示。

3.6.4　装置安装

1. 塔头导轨安装

上下线装置主要包括支撑角钢桁架结构及引导导轨，其安装示意图如图 3－47 所示。首先，安装支撑角钢桁架结构；支撑角钢桁架结构主要通过现有的杆塔连接板处的螺纹孔进行固定，安装时，首先固定四角支撑角钢，逐颗松开连接板 1 和连接板 2 处的与螺栓连接的螺母，把支撑角钢放进原有杆塔连接板 1 和连接板 2 处的螺栓中，再上紧螺母固定，支撑角钢桁架结构的其他角钢通过螺纹孔依次连接至支撑角钢上，再把引导导轨拼接安装在支撑角钢桁架结构上。

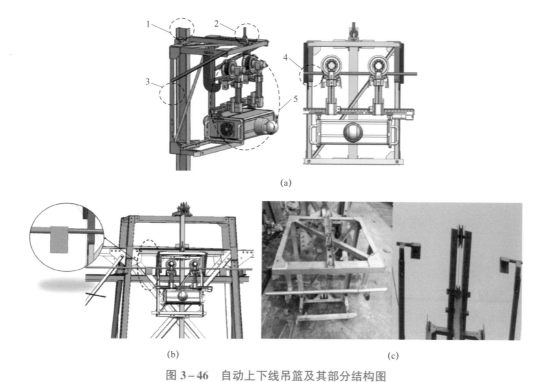

(a)

(b)   (c)

图 3-46　自动上下线吊篮及其部分结构图

（a）塔底安装结构总图；（b）吊篮与引导导轨对接图；（c）吊篮与对接轨道实体图

1—工字钢导轨；2—起吊钢丝绳；3—吊篮；4—对接导轨；5—机器人本体

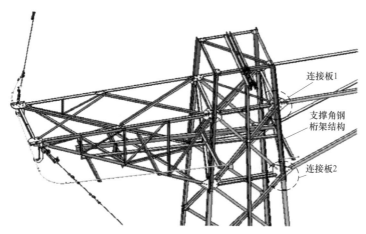

图 3-47　塔头上下线装置安装示意图

2. 垂直导轨安装

　　塔身垂直导轨主要由两部分组成，分别是一段段拼接而成的工字钢导轨和垂直导轨支撑件。首先，把垂直导轨支撑角钢安装在塔身，如图 3-48 所示，通过夹具 1 和夹具 2 压紧塔身角钢，再通过螺纹孔把支撑角钢固定在夹具 1 和夹具 2 上。其次，把焊接有连接座的工字钢安装在支撑角钢上。最后，把一段段工字钢两端的连接板通过螺栓进行固定，从而形成完整的垂直导轨。

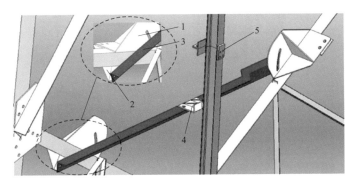

图 3 – 48　垂直导轨安装示意图

1—夹具 1；2—夹具 2；3—支撑角钢；4—连接座；5—连接板

3. 卷扬机安装

卷扬机安装在靠近地面的塔身上，卷扬机支撑角钢固定在塔腿上的方式与塔身工字钢垂直导轨支撑角钢的固定方式相同，通过夹具使支撑角钢固定在塔腿上，卷扬机整体通过螺栓固定安装在支撑角钢上。卷扬机的安装示意图如图 3 – 49 所示。

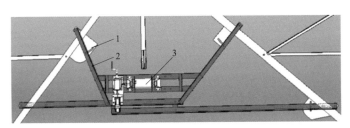

图 3 – 49　卷扬机安装示意图

1—夹具；2—支撑角钢；3—卷扬机

4. 装置防盗与使用

上下线成套装置在使用过程中，为了避免被盗，塔底所安装的吊篮、减速器、直流电动机、控制箱、控制手柄、机械摇柄、联轴器在使用完成后都可卸下带走，而且钢丝绳的两个末端（吊篮一端和卷扬机一端）可锁到塔身的高处。当再使用上下线装置时，将这些零件运至塔下安装，并将塔上高处的钢丝绳取下连接并固定即可。

3.6.5　试验验证

上下线试验的杆塔为悬垂的羊角塔，其模型结构如图 3 – 50 所示。

穿越越障机器人本体用吊篮搭载，通过工字钢引导导轨上升到塔顶与对接喇叭口对接，进入引导导轨，经过并线桥后进入地线。试验展示如图 3 – 51 所示。

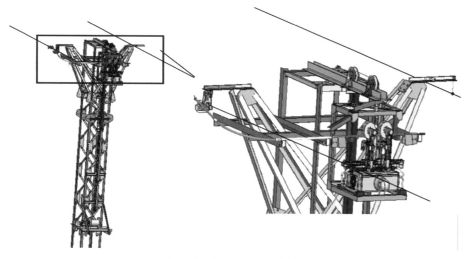

图 3－50　试验杆塔模型结构

图 3－51　自动上下线试验展示

（a）机器人在沿工字钢导轨上升；（b）机器人与对接喇叭口对接；（c）机器人在沿引导导轨行走；
（d）机器人通过并线桥进入地线

3.7　任务载荷系统

我国地域辽阔，各地区的地形气候等自然环境差异较大，电力线路巡检经常需要经过高山、江河、湖泊地区，并且经常遭遇严重覆冰等自然灾害，使传统的人工巡线方式存在工作量大、效率偏低、检测准确率不足，且危险性高等缺点。因此，使用巡检机器人检测故障是未来巡线方式的一个发展方向。为满足高压、特高压电力线路的日常安全维护等业务的高效、自动化处理需求，充分发挥巡检机器人多传感器巡检系统多源数据互补的特性，在巡检机器人上搭载多种视觉设备构成多任务载荷系统，采集及处理的多源数据包括高分辨率可见光影像、红外视频及影像、高精度三维激光点云，如图3-52所示，使其能够发现输电线路可见光缺陷，实现线路通道安全距离扫描、红外测温等功能。

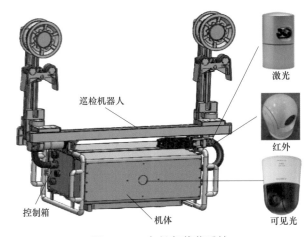

图3-52　多任务载荷系统

在穿越/跨越越障巡检机器人上标配全景相机完成高分辨率可见光影像的常规采集。在穿越型巡检机器人上可选配激光扫描系统完成高精度的三维激光点云数据采集；在跨越机器人上可选配红外图像系统完成红外视频及影像的数据采集。

3.7.1　任务载荷选型及集成

1. 全景可见光检测系统

经理论研究和实践验证，SNC-WR630是一款高性能快球网络摄像机，适合广域监控。摄像机灵敏的高分辨率 Exmor™ CMOS 成像器采用了索尼新推出的 IPELA ENGINE PRO™处理平台，从而将全高清分辨率车载图像处理功能提升到了一个新的水平。IPELA ENGINE PRO™提供全高清条件下的广泛 130dB 动态范围，即使在恶劣光照条件下也可保证清晰视频影像，而其他摄像机在相同场景中的极强光和极暗光条件下表现不佳。帧频高达 60fps（是普通 IP 摄像机的两倍），可帮助使用人员以前所未有的精度从录制的片段中发现并分析转瞬即逝的事件。此高级处理引擎甚至能实时校正快速摄像机平移或移动对象的广角畸变。

SNC-WR630 支持连续 360°PTZ 操作，凭借 700°/s 业界最快的平移速度，操作者能够通过单一无缝的动作快速调用预设的关注区域。强大的 30 倍光学变焦提供广域覆盖，能够在不损失清晰度的情况下抓取到细节特写。该摄像机专为提供全天候可靠性能而设计，可在 -5～+50℃温度范围内操作。去雾图像处理功能可降低城市烟雾或霾对图像的影响，增强影像清晰度，同时陀螺仪影像稳定器可减轻由机械振动导致的摄像机抖动。鉴于以上优点，选用了 SNC-WR630 为机器人的主要巡检设备，如图 3-53 所示。

摄像头

图 3-53 云台摄像机

型号：SNC-WR630，共计两台，安装于机器人控制箱盖板侧面，其性能参数如表 3-1 所示。

表 3-1　　　　　　　　　　　　SNC-WR630 网络摄像机参数

总像素数	327 万像素	近摄距	10mm（广角）；800mm（望远）
摇摆角	360°	俯仰角	210°
水平速度	300°/s（最大速度）	垂直速度	300°/s（最大速度）
镜头种类	自动对焦变焦镜头	变焦比	20X 光学变焦，12X 数码变焦，240X 总变焦
预设位置	256 个	巡检程序	5 个
水平视角	55.4°～2.9°	CF 卡容量	32GB
工作温度	-5～+50℃	仪器自重	1.7kg

2. 红外像检测系统

红外云台安装于电力巡检机器人上，内置测温热像仪，实现对输电线路设备的红外测温。图 3-54 为穿越越障机器人搭载红外热成像仪的模型与实体图。

红外热成像仪设备由红外云台和显控单元组成，两部分可通过无线数传或电缆连接进行信息交互，其设备组成如图 3-55 所示。

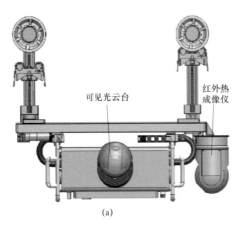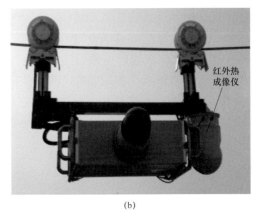

(a)　　　　　　　　　　　　　　　(b)

图 3-54　红外热成像仪集成模型与实体图

（a）模型图；（b）实体图

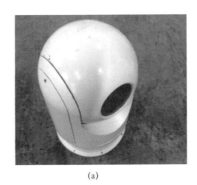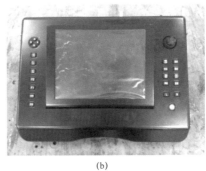

(a)　　　　　　　　　　　　　　　(b)

图 3-55　红外热成像仪设备组成图

（a）红外云台；（b）显控单元

红外热成像仪设备的具体技术参数如表 3-2 所示。

表 3-2　　　　　　　　　　**红外热成像仪设备的具体技术参数**

检测效果	可清晰反映电力设备发热故障点	
工作范围	方位	$-180°\sim+180°$
	俯仰	$+15°\sim-195°$
非制冷红外热成像仪	波段	$8\sim12\mu m$
	探测器分辨率	640×480
	视场	$24°\times18°$
	测温范围	$-20\sim+250℃$
	伪彩显示	调色板可设置
电源	DC12V，功耗 25W	
质量	红外云台	2.6kg
	显示单元	3.3kg
尺寸	红外云台	直径 160mm，高度 255mm
	显示单元	350mm×260mm×55mm

红外热成像仪设备的主要功能如下。

（1）具有获取输电线路红外测温数据的功能。

（2）具有遥控自动对焦功能。

（3）具有测温数据和视频保存并可导出的功能。

3. LiDAR 系统

LiDAR 系统是以巡检机器人作为搭载平台按特定工况要求进行移动的集激光扫描、全球定位和惯性导航三种技术于一身的系统。该系统通过激光扫描获取传感器到扫描目标的距离；全球定位得到扫描仪在空中的三维精确位置；惯性导航测量出扫描仪在空中的姿态参数（侧滚角、俯仰角、航偏角）等。图 3-56 为 LiDAR 系统的工作原理图，表 3-3 为系统组成及功能。

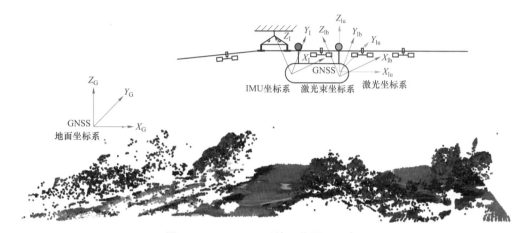

图 3-56　LiDAR 系统工作原理示意图

表 3-3　　　　　　　　　　　LiDAR 系统组成及功能

系统组成	功　　能
激光雷达	获取三维空间数据
组合导航系统	获取姿态信息、空间坐标信息
数据存储控制系统	数据存储与控制
数据控制线	传感器间信号传输

（1）POS 系统。

IMU/GNSS（inertial measurement unit/global navigation satellite system，惯性测量装置/全球导航卫星系统）直接定向、定位系统，称为 POS 系统。NovAtel SPAN-IGM-S1 惯性组合导航系统将高精度测量单元和 GNSS 接收机通过紧耦合的方式结合，并配合多种抗多径技术。即使在收星恶劣环境下（城市、峡谷、桥梁、隧道建筑或树木密集区域）仍然能够以 125Hz 的频率输出连续、可靠的 3D 导航信息（位置、速度、姿态）。通过 GNSS 卫星导航技术和卫星导航技术和 INS（inertial navigation system，惯性导航系统）技术的相互补充，既能保证在 GNSS 不可靠的情况下，利用 INS 数据不间断地得到高精度的位置信息和姿态信息，也能保证在 INS 误差变大的情况下利用 GNSS 数据对 INS 进行修正来继续输出高精度的位置信息和姿态信息，为激光扫描仪提供必要的参考信息。POS 系统实物图如图 3－57 所示。

（2）激光雷达系统。

激光雷达系统采用的激光雷达为 Velodyne HDL－32E（实物图，如图 3－58 所示），激光雷达传感器体积更小、更轻、结构坚固，有 32 个激光器，纵向视野 40°。HDL－32E 高为 144mm、直径为 85mm、质量为 1.18kg，适用于需求量日益增大的真实自主导航 3D 激光雷达相关应用。HDL－32E 创新的激光阵列可使系统观测到比其他雷达传感器更多的信息。32 个激光器组可以实现＋10°～－30°的角度调节，可提供极好的垂直视野，更有持专利的旋转头设计，水平视野可达

图 3－57　NovAtel SPAN－IGM－S1POS 系统

360°。HDL－32E 每秒可输出 70 万个点，测量范围可达 70m，一般精度可达±2cm。

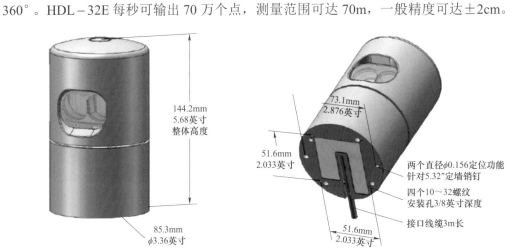

图 3－58　Velodyne HDL－32E 激光器

（3）软件系统。

软件系统主要包括以下两部分。

1）IE（Inertial Explorer）后处理软件。对获取的移动站数据和基站数据进行航迹数据解算。

2）Li－Acquire 软件。将 POS 数据和激光雷达数据进行联合解算，获取具有真实地理坐标的三维数据。

LiDAR 搭建在穿越越障巡检机器人上，在充分考虑到机器人的负载能力、电能和安装结构空间等的限制基础上对多传感器进行筛选，最终采用了美国 Velodyne 公司的 HDL－32E 高精度 360°视场角的全景激光雷达，每秒可获取约 70 万个点。组合导航设备选用加拿大 NovAtel 公司制造的 SPAN－IGM－A1，将高精度 GNSS 和 IMU 进行紧耦合解算，并配合多种抗多径技术，保证即使在收星恶劣环境下（峡谷、建筑或树木密集区域）也能够以 125Hz 的频率输出连续可靠的 3D 导航信息。为了适应巡检机器人长时间低速直线运行的工作特点，本系统采用了分体式双天线导航模式，因为较低的速度和对地航迹角会影响 POS

系统的初始对准,且无法完全辅助组合导航算法的滤波更新。LiDAR 系统的组件图如图 3-59
所示。

为了获得精确的定位信息,天线相位中心到
IMU 中心的测量值和被测点偏移量(IMU 与 laser
距离)必须尽可能精确,因此把激光雷达和 POS
紧凑地固定起来。为了减轻 IMU 质量,选择铝质
连接材料和安装减振器的方案实现集成设备的刚
性连接。与车载巡检方式不同,线路机器人通常
是在地线上执行巡检作业,杆塔、导线及线路周
围的树木等处于其下方。

因此,在设计时将激光雷达和 POS 系统安装
于机箱侧面的横梁下面,其空间尺寸和质量都受
到严格的控制,并进行三维仿真确保不对线路的
正常运行造成影响。两个 GPS 天线安装在机体两
侧向外延伸,满足双天线模式所要求的基线长度。
各个设备基本处于机体侧面对机器人的整体尺寸
影响较小,在机器人越障时避免了干涉;另外,
机体横梁是整个机器人的骨架,强度大,刚性好,

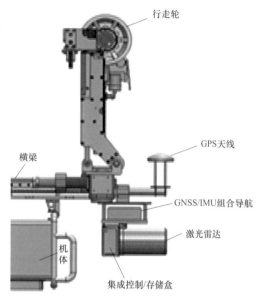

图 3-59　LiDAR 系统组件图

在机器人运行时不会发生大变形或强烈的抖动,使 POS 和激光雷达及 GPS 天线相互之间的
位置关系固定不变,保证了系统精度。

3.7.2　试验验证

1. 全景可见光检测

在物理连接上,网络摄像头通过安装座安装在机体侧面,机器人 12V 直流电源分路供电,
通过网线接口与机器人路由器相连,如图 3-60 所示。软件控制方面,使用二次开发的软件
界面实现控制和显示的一体化,如图 3-61 所示。

图 3-60　云台摄像机物理连接图

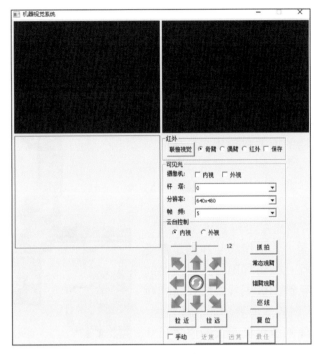

图 3–61 软件开发界面

云台摄像机拍摄效果如图 3–62 所示，试验结果证明，可见光摄像头不但能够清晰地拍摄金具图像，而且拍摄效果满足应用要求。

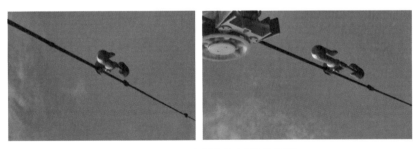

图 3–62 云台摄像机拍摄效果图

2. 红外热像检测

（1）试验情况。

红外云台作为巡检机器人巡检设备的组成部分，需要机器人系统对其直接控制，以实现巡检坐标参数的传递及拍照、摄像等控制指令的发布，即需要将显控单元的功能嵌入机器人控制系统。

红外云台与机器人采用 RS232 全双工串口连接，波特率为 38.4kb/s，数据位为 8bit，用于传递控制命令和巡检坐标参数；1 个标准 PAL（programmable array logic，可编程阵列逻辑）制式模拟视频输出接口与机器人相连，帧频 25Hz，机器人控制系统内部视频采集卡将红外图像进行处理并输出；同时，红外云台由机器人 12V 电源模块直接供电，从硬件上实现了红外云台与机器人系统的一体化。

软件控制方面，机器人程序通过实时检测 RS232 串口信息，根据上行报文协议向红外云台发布控制命令与巡检参数，接收红外云台反馈信息并且由下行报文协议进行翻译，同时，将红外视觉图像的监控融入可见光设备的监控面板，如图 3-63 所示，这样便实现了机器人控制系统对红外显控单元设备的替代。

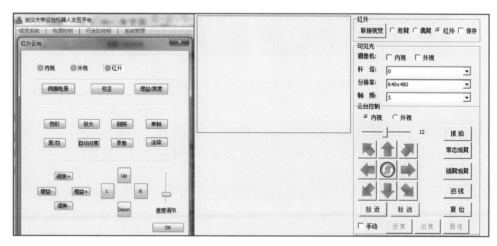

图 3-63　红外云台与机器人控制软件的融合

（2）应用与效果评价。

红外热成像仪及云台的应用试验如图 3-64 所示（图中右下角所示的设备），试验结果如图 3-65 所示。

从试验结果可以看出，红外热成像仪能够清晰拍摄现场杆塔与线路的图像，并且可以区分发热点并记录温度数据。

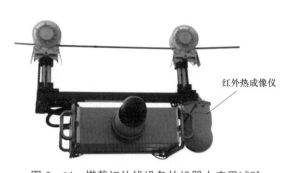

图 3-64　搭载红外线设备的机器人应用试验

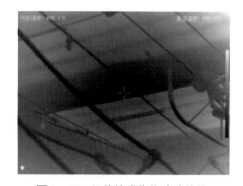

图 3-65　红外热成像仪试验结果

3. 激光扫描检测

巡检机器人的激光扫描检测功能试验主要进行了两个方面的试验，试验情况如下。

（1）试验一：功能验证。

用于测试电力巡检机器人与 POS 系统、激光雷达相结合进行电力线路及周围环境的三维数据采集，验证硬件集成方案，测试激光雷达数据集成方案和测试激光雷达数据最远采集范围。试验地点（或试验区）如图 3-66 所示。

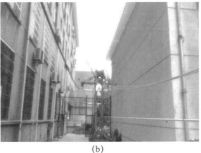

(a)   (b)

图 3－66 激光扫描成像系统试验地点

(a) 试验区一；(b) 试验区二

试验流程：由于模拟高压输电线路试验区段设置在办公楼之间的狭窄区域，卫星信号遮挡严重，而巡检机器人的实际工作现场一般位置较高，卫星接收信号质量较好。针对试验条件的限制与 POS 系统的使用要求进行试验。

结合电力巡检的应用特点（长时间低速直线行驶），采用双天线配置的 POS 系统。而单天线不适用于低速直线行驶的使用条件，这是因为机器人行驶速度太小（最大为 4m/s），较低的行驶速度和对地航迹角数据影响 POS 系统的初始对准，且无法完全辅助组合导航算法的滤波更新，长时间运行累计误差较大。采用双天线提供的外部航向信息可有效解决此问题。航迹解算结果如图 3－67 所示。

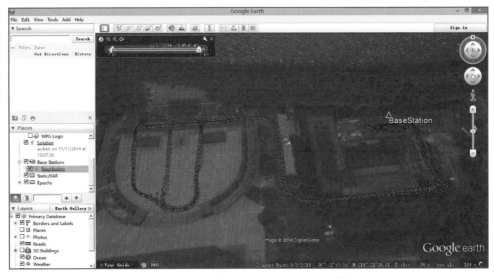

图 3－67 航迹解算结果与 GoogleEarth 叠加图

（2）试验二：性能改进。

试验一中采集的数据有两个问题：① 不能采集到机器人巡检的那根电力线路，这是由激光的视场角度受限造成的，其安装的方式是绕电力线 360° 旋转扫描，而最近扫描范围必须大于 0.6m；② 为了演示采集的电力线路效果，曾将一根电力线路搭在地面上，但由于离地面过低及设备的精度问题造成电力线附近的噪点太多，无法处理。

针对这两个问题，本次试验通过专门架设一根电力线路，希望能得到质量高，包含电力线路的数据信息，并通过测绘软件进行电力线路的提取，为后续危险点的检测做准备。测试区三维成像结果如图 3-68 所示。

(a)

机器人行走路线

(b)

(c)

图 3-68　测试区三维成像图

（a）试验区一，解算结果点云图；（b）试验区二，模拟电线解算结果点云图；（c）试验区三，楼顶拉线结果点云图

通过以上试验，实现了电力巡检机器人、POS 系统和激光雷达的系统集成，使用 IE 软件进行 POS 数据解算，获取了被测区域的三维数据集。试验结果表明，巡检机器人、POS 和激光雷达系统的有机结合能够满足电力巡线对三维数据采集的需求。但同时也发现存在以下问题：① 不良的卫星接收质量会导致后处理的直接解算效果较差，需要结合实际使用环境进行人工干预；② 对于组合导航产品，当没有外界参考条件时，单纯依靠 IMU 数据进行解算，会由于惯性器件的累计误差造成导航精度随时间产生漂移。

解决方法有：① 在卫星接收环境不良，且无法改善的情况下，可使用添加控制点或附加轮速传感器/里程计的方式为 IMU 提供外部更新数据，辅助导航信息解算；② 结合实际应用，使用后处理优化算法和误差修正等手段改善恶劣环境的影响。

第4章　输电线路机器人视觉检测定位技术

4.1　机器人视觉系统及其伺服控制机构

架空输电线路巡检机器人最核心的业务是巡检作业，用来对电力输送环境及其配套设备进行全面巡检与故障诊断，为输电设备的维护及改造决策提供真实确切的依据，为线路的长期运行和维护建立知识库。为获得上述功能所需的可视化素材，本书设计了由两台可见光云台摄像机及两个微型摄像机及其配套硬件电路的视觉系统，如图4-1所示。此外，为充分利用视觉系统采集的图像信息，开发了机器人视觉伺服控制系统，在某个越障或巡检作业阶段，将机器人控制权转移到视觉伺服控制系统，通过分析处理视觉系统采集的实时图像来自动完成越障或巡检动作规划。

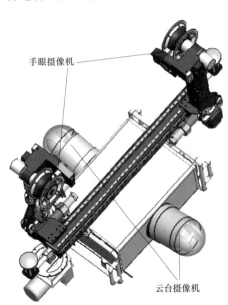

手眼摄像机

云台摄像机

图 4-1　机器人视觉系统

整个视觉系统因摄像机类型的不同又分为巡检视觉系统与越障手眼视觉系统，如图4-2所示。其中，巡检视觉系统由两台云台摄像机及其网络接口组成。在一般巡检作业任务下，云台摄像机采集的高清图像通过机器人本体与基站的网络通信通道直接传输到地面基站存档，同时在视觉系统控制面板上显示。当机器人出现故障时，巡检视觉系统充当机器人故障可视化查看装置，通过巡查机器人在线姿态为地面操作人员分析故障原因及排除故障提供依据。

越障手眼视觉系统由两个手眼摄像机、图像采集卡、PC/104视觉处理工控机及机器人视觉伺服硬件电路组成。当机器人遇到无法滚动或蠕动通过的障碍物时，机器人切换到跨越越障模式，通过调用不同类型障碍物的越障动作规划库实现机器人的自主跨越越障。在自主跨越过程中，由于离线越障臂需重新执行落线动作，设计了基于视觉伺服的越障方式。当越障动作规划库运行到找线落线步骤时，机器人开启视觉伺服线程并切换到视觉伺服状态，手眼摄像机通过图像采集卡采集图像并由视觉工控机进行处理，视觉工控机与运动控制工控机之间通过串行端口交换数据实现机器人各关节的视觉伺服控制，在经过两者多次信息交互处理与关节调整后，机器人离线臂准确找线并落线，完成全部越障动作。

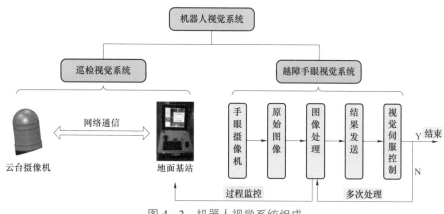

图 4－2　机器人视觉系统组成

4.2　常规和异形障碍物的视觉检测定位

4.2.1　检测思路

（1）常规障碍物检测。

由于常规障碍物有固定的形状，可以采用模板匹配的方法。图像二值化后分割开各个连通域，每个连通域作为一个目标，与模板（已知障碍物）进行比较，取相似度最高的模板作为目标所属的种类。

（2）翘股、散股检测。

翘股、散股形状不一，难以用模板匹配的方法确定，所以采用几何方法确定。

（3）障碍物测距。

一种思路是应用双目测距方法，采用两个摄像机中同一物体成像的视差确定距离，但需检测出两个摄像机成像中的同一物体的像点并进行匹配，需耗费时间较长，难以满足实时性要求，而且对两个相机的位置有着严格的要求，巡检机器人在行进过程中难以满足这些条件，所以本书采用单目测距方法进行障碍物的定位。

4.2.2　检测方法

1. 防振锤检测

为检测出图像中的防振锤等金具，采用模板匹配的方法，其检测流程如图 4－3 所示。

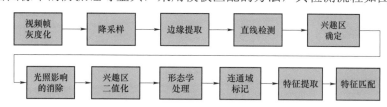

图 4－3　防振锤的检测流程图

（1）视频帧的灰度化。

视频帧的灰度化是指将彩色图像变为灰度图像。由摄像机拍摄的视频帧图像为彩色图像，包含 R、G、B 三个分量，处理的第一步为将彩色图像转换为灰度图像，即图像每一个点的值为介于 0～255 的一个灰度级。

（2）降采样。

为加快直线检测的速度，对图像进行降采样处理，其与 HOUGH 变化的关系为

$$x\cos\alpha + y\sin\alpha = \rho \Longrightarrow \frac{x}{k}\cos\alpha + \frac{y}{k}\sin\alpha = \frac{\rho}{k} \tag{4-1}$$

式中，(x, y)为图像中的坐标点；ρ 为直线上的点到坐标原点距离；α 为成像直线的法向倾角；间隔点数 k 为整数。

原始图像中直线$<\rho, \alpha>$经过间隔 k 点的降采样后，变为$<\rho/k, \alpha>$，角度不变，距离 ρ 变为原来的 $1/k$，这样需处理的点为原始图像的 $1/k^2$，处理时间也变为原来的 $1/k^2$。这里采用的采样间隔 k 为 2。通过降采样得到面积只有原始图像 $1/k^2$ 的缩小了的图像，再在其中使用 HOUGH 变换得到直线$<\rho/k, \alpha>$，然后将 ρ/k 乘以采样间距 k，即可得到原图像中的直线参数$<\rho, \alpha>$。

（3）边缘提取。

采用 CANNY 算法，得到图像的边缘，便于后续的直线提取。边缘提取的准确程度直接关系到导线两侧边缘直线的提取精确程度，对后面的单目测距精度影响非常大。目前，效果比较好的算法为 CANNY 算法。

（4）直线提取。

通过 HOUGH 算法，得到导/地线的两侧边缘直线。算法中以检测出的最长的直线为导线边缘。直线的提取是确定兴趣区和单目测距的基础。

（5）兴趣区确定。

影响机器人行进的障碍物必定位于导线附近，以导线侧一定高度（应用中采用 40 像素）的区域为兴趣区，则障碍物必定位于兴趣区内，这样可以减少处理范围，加快处理速度。

（6）光照影响的消除。

消除光照影响，保证提取目标的完整性，算法中采用 GAMMA 矫正算法。

（7）兴趣区二值化。

将目标转变为二值化的图像，为特征提取做准备，该过程用公式表示为

$$I(x, y) = \begin{cases} 0 & I_0(x, y) < T \\ 255 & I_0(x, y) \geqslant T \end{cases} \tag{4-2}$$

式中，$I(x, y)$表示(x, y)处的灰度值；T 为通过 OTSU 算法确定的阈值，为图像处理领域常用或通用的算法。

（8）形态学处理。

用圆形结构元素对兴趣区进行处理，其主要目的填补小的孔洞、平滑边缘，消除毛刺。

（9）连通域标记。

分割出各个目标，便于后续提取目标的特征。连通域标记也就是将图像中的每一个连通的目标标记为相同的灰度，这样各个目标通过不同的灰度区分开。

（10）特征提取。

提取各目标的特征，这里采用 HU 矩特征的前四个分量，后三个分量稳定性不好，配合

目标长宽及质心到导线距离与长度之比，可表示为

$$X = [l/w, \ d/l, \ \varphi_1, \ \varphi_2, \ \varphi_3, \ \varphi_4] \tag{4-3}$$

这些特征都具有尺度、方向不变性。其中，l/w、φ_1、φ_2、φ_3、φ_4 决定目标的形状，d/l 确定目标相对于导线的位置。各量的含义为 l/w 为防振锤长宽比，d/l 为防振锤质心到导线边缘线距离与其长度之比，φ_1、φ_2、φ_3、φ_4 为 HU 矩的前四项，HU 矩共有七项，测试中发现后三项值很小，且变化很大，所以只使用了前四项。

（11）模板库的建立。

采用模板匹配的方法，需要预先建立模板库，即将已知障碍物的特征提取出来，作为模板保存起来，如图 4-4 所示。模板需考虑尺度（图像大小）、相同视角下图像的各种角度变化等因素。最后将提取的各图像的特征值取均值，以均值作为该障碍物的特征矢量，如图 4-5 所示。

图 4-4　建立模板库所采用的模板图像

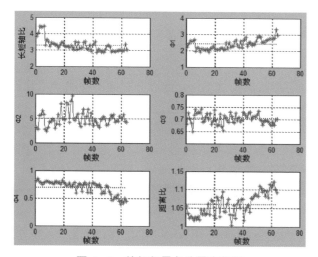

图 4-5　特征矢量各分量变化图

（12）特征匹配。

比较各目标和已知模板的特征向量，获取相似度值。设目标特征为 $X=[x_1，x_2，x_3，\cdots，x_N]$，模板 i 的特征为 $M_i=[m_1，m_2，m_3，\cdots，m_N]$（$N=6$），此处目标特征与模板均采用同维度的特征向量，即矢量中含六个分量，则目标和模板 i 之间的相似度为

$$S_k=\frac{\sum_{i=1}^{N}\min(x_i)/\max(m_i)}{N} \qquad (4-4)$$

计算出 d_k（$k=1，2，3，\cdots，n$），n 为已知障碍物模板的种类数，取 d_i 的最大值，如果 $d_k=\max(d_i)>T$，T 为选定的阈值，则认为待测目标属于模板 k，算法中选定 T 为 85%，即待测目标和模板 M_i 相关性为 85% 时，认为目标属于模板 M_i。

图 4-6 为采用 64 帧图像提取特征值的均值作为模板后，用此模板识别圆柱形防振锤时的相似度，由图中结果可知，当目标位置适中时，相似度较高，目标太远或太近，相似度都会降低。太远是因为目标太小，图像中显示不出足够的特征，太近是由于光照的影响，目标不完整。检测各阶段图像如图 4-7 所示。

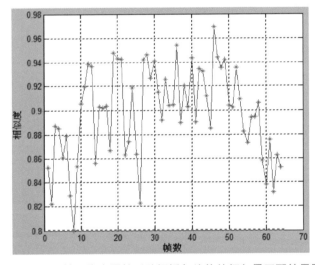

图 4-6 64 帧图像中圆柱形防振锤与均值特征矢量匹配结果图

2. 翘股和散股检测

与防振锤等具有固定形状的物体不同，散股和翘股的检测采用几何特性进行检测。其流程如图 4-8 所示。

（1）开运算、图像差分运算。

采用直径与导线成像最粗处相同的圆形结构元素进行开运算，将较细的翘股和散股去掉，然后由图像差分得到剩余的部分。如图 4-9 所示，先用形态学平滑运算处理兴趣区，使细小噪声点减少，同时目标区域连接成一个平滑的整体，如图 4-9（b）所示，再对二值图用开运算处理，将翘股或散股去掉，剩下图 4-9（c）中的结果，这时只剩下大目标的一部分，细小的目标被完全去掉，然后将图 4-9（b）和图 4-9（c）做差分，得到图 4-9（d），经过边缘提取处理后，图 4-9（e）中得到完整的细小目标，翘股和散股就包括在其中，还

有不完整的大目标，通过检测目标的最初面积和处理后面积，可以排除大目标，然后在剩下的细小目标中通过几何特征确定翘股和散股，如图 4-9（f）所示。

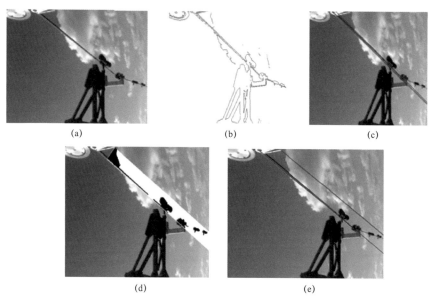

图 4-7　防振锤检测各阶段图

（a）视频帧灰度图；（b）边缘提取结果图；（c）直线检测结果；（d）兴趣区处理结果（二值化/形态学）；（e）防振锤检测结果

```
视频帧
灰度化 → 边缘提取 → 导线检测 → 确定
兴趣区 → 二值化 → 形态学
平滑

开运算 → 图像差分
运算 → 兴趣区
边缘检测 → 张角计算 → 障碍物
判定
```

图 4-8　翘股、散股的检测流程

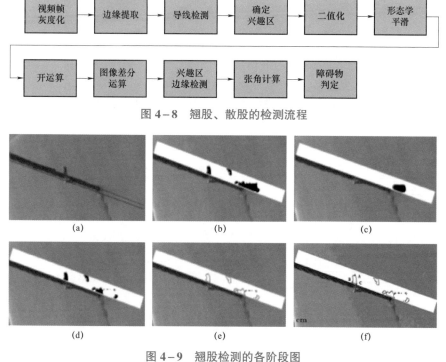

图 4-9　翘股检测的各阶段图

（a）原始图像；（b）形态学平滑结果；（c）形态学开运算结果；（d）图像差分结果；

（e）差分结果边缘提取；（f）最终检测结果

（2）张角计算。

计算每一个连通域的边缘图像中离导线最近的两点和离导线最远的一点的张角，以张角来判断是翘股还是散股。若张角小于阈值，则为翘股；若张角大于阈值，则为散股。张角通过下式计算

$$\cos A = \frac{b^2 + c^2 - a^2}{2bc} \tag{4-5}$$

张角计算图几何模型中 ABC 三点连线组成的三角形，求 A 点所成张角。B、C 两点为目标轮廓距导线最近且彼此相距最远的两点，A 为目标轮廓上到 B、C 两点距离之积最大的点。翘股及散股的检测结果如图 4-10 和图 4-11 所示。

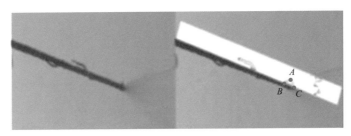

图 4-10　翘股检测结果

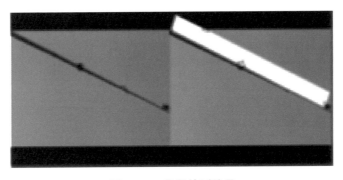

图 4-11　散股检测结果

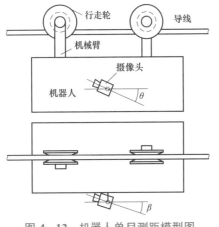

图 4-12　机器人单目测距模型图

3. 单目视觉定位

单目测距原理：二维图像是三维世界在二维图像平面上的投影，在投影过程中，丢失了深度信息，仅凭一副图像是无法获取深度信息的。要获取深度信息，必须有已知量，根据已知量才有可能获取深度信息。算法中通过测取图像导线上离镜头最近处到镜头的距离，结合小孔成像原理及机器人相应尺寸直接的几何关系，得到障碍物沿导线到镜头的距离。图 4-12 所示为机器人单目测距模型，图 4-13 所示为摄像机与导线几何关系简图，d_1 为已知距离，d 为需测量的距离。

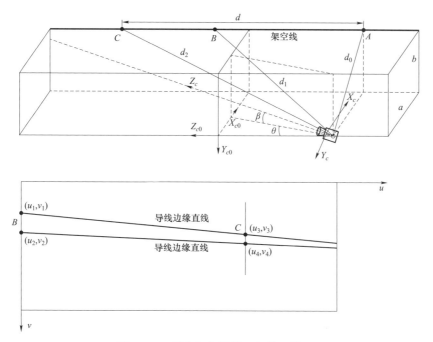

图 4-13　摄像机与导线几何关系简图

由小孔成像模型：

$$\begin{bmatrix} u \\ v \\ 1 \end{bmatrix} = \frac{1}{Z_c} \begin{bmatrix} f_x & 0 & u_0 & 0 \\ 0 & f_y & v_0 & 0 \\ 0 & 0 & 1 & 0 \end{bmatrix} \begin{bmatrix} X_c \\ Y_c \\ Z_c \\ 1 \end{bmatrix} \qquad (4-6)$$

式中：u、v 为图像中像素点坐标；X_c、Y_c、Z_c 为摄像机坐标系中点的三维坐标。由式（4-6）可得

$$v = \frac{f}{d_y} \frac{Y_c}{Z_c} + v_0 = f_y \frac{Y_c}{Z_c} + v_0 \Longrightarrow$$
$$v_2 - v_1 = f_y \left(\frac{Y_{c2}}{Z_{c2}} - \frac{Y_{c1}}{Z_{c1}} \right) \approx f_y \frac{Y_{c2} - Y_{c1}}{Z_{c1}} = f_y \frac{Y_{c2} - Y_{c1}}{d_{c1} \cos\varphi_1} \qquad (4-7)$$

v_1、v_2 为 B 处导线两侧边缘线的纵坐标之差。由于 $Z_c \gg X_c$、$Z_c \gg Y_c$，则

$$d_{c1} = d_1 + f = f_y \frac{Y_{c2} - Y_{c1}}{v_2 - v_1} \frac{1}{\cos\varphi_1} \approx f_y \frac{Y_{c2} - Y_{c1}}{v_2 - v_1} \qquad (4-8)$$

其中，d_{c1} 如图 4-13 所示，同理在障碍物所在的 C 处有

$$d_2 + f = f_y \frac{Y_{c4} - Y_{c3}}{v_4 - v_3} \qquad (4-9)$$

进而可得

$$d_2 = k d_1 + (k-1) f \qquad (4-10)$$

获取距离 d_2，其中 d_1 可预先测得，k 为图中两线 B 处和障碍物 C 处纵坐标差之比。有了

障碍物到镜头的距离 d_2，根据机器人的尺寸可得到障碍物沿导线到摄像机镜头的距离，如图4-13中所示 A 和 C 两点之间的距离 d，即

$$d = \sqrt{d_2^2 - a^2 - b^2} \qquad (4-11)$$

为验证算法的有效性，进行了试验验证，机器人以速度 v 前进，从某时间以速度和行驶时间得到已走过距离 s_R，以视觉测距得到离障碍物距离 s_v，两者之和为定值，即

$$\begin{cases} s_v = s_0 - vt \\ s_R = vt \end{cases} \qquad (4-12)$$

$s_R + s_v = s_0$，机器人的转速分别为500r/min、700r/min、900r/min，摄像机每秒拍摄25帧，每5帧测一次离障碍物距离，并与已走过距离相加。算法中准确地检测导线边缘直线是测距的关键。其结果如图4-14、图4-15所示。

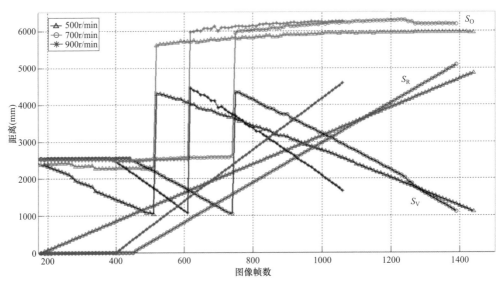

图4-14 三种速度的帧-视觉测距曲线图

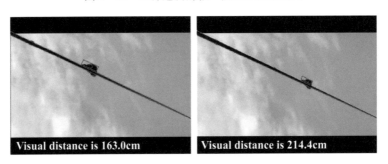

图4-15 视觉测距图像帧

图4-14中蓝色直线为按行驶速度计算的机器人已走过的距离 s_R，三条线对应三种速度；黑色曲线为通过视觉所测距离 s_v，即机器人到障碍物的距离；红色曲线为两者之和 s_0，为定值，即为一条水平线。通过在导线上做标记，得到距离的实际值和通过视觉得到的测量值，如表4-1所示。

表 4 – 1				测量值与实际值的比较					
测量点序列	1	2	3	4	5	6	7	8	9
实际/mm	500	1000	1500	2000	2500	3000	3500	4000	4500
测量/mm	517	991	1541	2070	2551	2892	3384	3863	4314
误差	3.4%	0.9%	2.7%	3.5%	2.0%	3.6%	3.2%	4.1%	4.2%

4.3　手眼视觉模型及控制设计

4.3.1　手眼视觉模型

在机器人系统中，手眼摄像头的安装有两种方案：① 手眼摄像头安装在手爪顶部，摄像头对准行走轮轮槽中心与压紧轮，向下摄像，摄像头与压紧轮在铅锤方向静止不变，成像内容覆盖挡板下端部分、该臂的压紧机构、部分箱体、部分导轨及架空地线；② 摄像头安装在压紧机构上，镜头对准行走轮朝上拍摄影像，成像内容覆盖天空、行走轮和架空地线。机器人手眼视觉成像图像如图 4 – 16 所示。

根据实际测试经验，第二种方案有明显的缺陷：① 由于太阳光直射，逆光成像易造成过度曝光，导致成像内容丢失，图像模糊，不能反映原始信息；② 大颗粒杂物和大气尘埃容易沾污镜头，使摄像头无法获得原始图像；③ 雪天时，水滴容易覆盖镜头，导致成像失真。因此，为了避免太阳光直射造成的逆光与镜头污染，手眼摄像头采用第一种安装方法，保证成像内容清晰，完整保留原始影像信息。

基于第一种安装方案，本书设计了对应的手眼视觉模型，如图 4 – 17 所示，包括手眼摄像机、架空地线坐标系、摄像机成像平面等。通过摄像机标定技术求解出图像坐标系与世界坐标系之间的关系，再利用两者之间的坐标转换关系求解出地线位姿（斜率与截距），从而实现了地线位姿的确定。

图 4 – 16　机器人手眼视觉成像图像

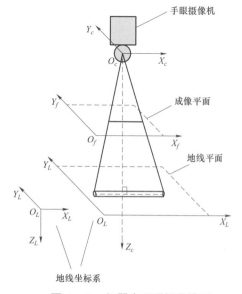

图 4 – 17　机器人手眼视觉模型

4.3.2 伺服控制设计

图4-18所示为机器人手眼视觉伺服控制系统的设计模型。控制系统由两个闭环组成，外环为笛卡尔空间的位置环，而各个关节采用速度闭环控制。视觉位姿反馈由机器人位姿获取、图像采集、特征提取、目标位姿求取等部分组成。将地线目标位姿与期望位姿进行比较，形成位姿偏差。根据位姿偏差和机器人当前位姿，利用机器人位姿调整策略与图像雅克比矩阵，采用逆运动学求解得到七个关节的关节位置给定值。然后，各个关节根据其关节位置给定值，利用关节位置控制器对机器人的运动进行控制，最终实现机器人离线越障臂重新落线。

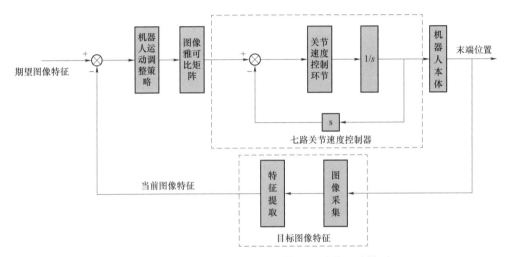

图4-18 机器人手眼视觉伺服控制系统的设计模型

4.3.3 机器人自主找线流程

机器人要完成自主跨越越障，必须首先依靠模式识别或图像处理等手段识别定位架空地线，计算离线手臂与地线的相对关系，且该过程必须快速准确。缺少这一智能，机器人将依赖人工指挥和人工判断，越障效率低下，且增大了机器人遥操作的难度，对地面操作人员提出了很高要求，另外也容易产生误操作。为了提高机器人的自主越障能力，提出采用手眼视觉伺服找线的方法，不仅在精度上满足机器人的运行要求，而且有很强的适应性。图 4-19 所示为机器人基于视觉伺服找线控制的流程。

机器人完成自主找线的步骤如下。

（1）机器人离线手臂完成错臂运动后，运动控制系统发送找线命令给机器视觉系统，命令协议为"whichArm，action"。whichArm 表示哪个手臂需要找线；action 表示进行何种操作，action＝1 表示启动找线，action＝0 表示停止找线。

（2）机器人视觉系统接收找线命令并进行解析，如果是奇臂需要找线，则视觉系统自动切换到奇臂的手眼摄像头，关闭视频切换通道，不允许基站进行切换操作，接下来系统自动采集视频信息，同时开启视觉找线线程。

（3）从视频流中截取当前帧，对当前帧进行灰度处理，然后截取兴趣区域，同时对图像进行压缩处理，减少图像处理量，提高处理效率。处理结果如图4-20所示。

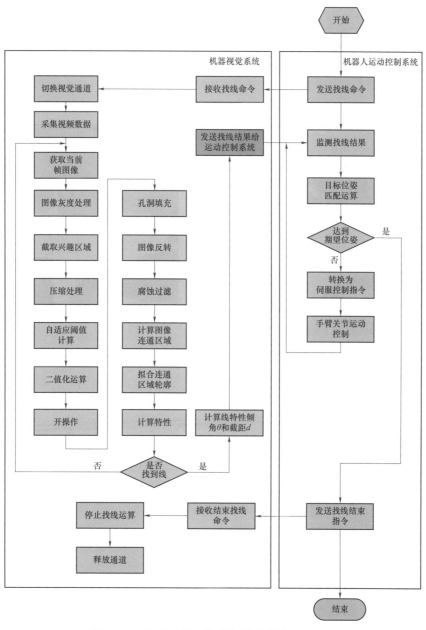

图 4-19　机器人基于视觉伺服找线控制的流程

图 4-20　步骤（3）的处理结果

（4）根据图像背景计算自适应阈值，并进行二值化处理，其目的是去掉图像背景，保留图像的前背景，即包含地线的整体信息。如图4-21所示，大部分干扰背景被去除。

（5）对步骤（4）处理后的结果进行开操作、孔洞填充、图像反转、腐蚀过滤一系列操作，去除干扰元素。处理结果如图4-22所示，从图中可见，其他背景元素基本上被去除，同时地线被保留。

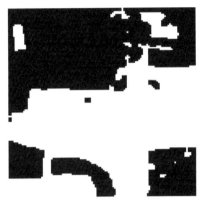
图4-21　步骤（4）的处理结果

图4-22　步骤（5）的处理结果

（6）计算图形的连通区域，接下来拟合连通区域，计算拟合后的连通区域的特性信息，判断是否有线存在，如果没有线，截取视频流的下一帧，重复步骤（3），如果找到线，则进入步骤（7）。

图4-23　步骤（7）的处理结果

（7）计算找到线信息，并计算出截距和倾角。其结果如图4-23所示。

（8）将计算结果通过串口发送给运动控制系统。

（9）运动控制系统监测视觉系统发送过来的处理结果，进行目标位姿匹配运算。随后判断是否达到期望位姿，如果达到期望位姿，则进入步骤（10）。找线结果协议为"Message：B mFlag，dis，theta E"。其中，B和E分别代表消息开始和消息结束；mFlag代表找线结果；dis代表截距；theta代表倾角。

如果没有达到期望位姿，将处理结果进行换算转换为伺服控制指令，发送给运动控制单元，指导手臂关节运动，重复步骤（9）直到找线完毕。

（10）发送找线结束指令给机器视觉系统，机器视觉系统终止视觉找线流程，并释放占用的视觉通道，将视频切换通道控制权交给基站，整个找线过程结束。

完成上述找线操作后，运动控制系统自主完成后续的越障动作，完成跨越障碍流程。

4.3.4　试验验证与评估

为了验证机器人手眼视觉伺服找线和抓线控制方法的正确性和有效性，在模拟试验线路上进行了试验调试，同时也在实际高压输电线路上进行了试验验证。试验系统由输电线路、机器人和地面基站组成，模拟线路分室内模拟线路和室外模拟线路，模拟线路均采用 1:1 结构模拟高压输电线路。如图 4-24 所示，为巡检机器人分别在实验室内、外模拟线路上的跨越通过防振锤与双悬垂线夹的试验情况。

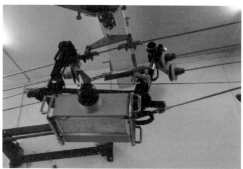

图 4-24　机器人跨越越障试验

（1）室外模拟线路试验。

通过在实验室外模拟线路上的大量试验验证得出结论：机器人手眼视觉自主找线技术满足机器人实际运行要求。表 4-2 为室外手眼视觉找线试验记录。

表 4-2　　　　　　　　　　　室外手眼视觉找线试验记录

试验组别	找线次数	找线成功次数	找线成功率/%	平均找线时间/s
1	20	17	85	12
2	78	63	81	15
3	56	47	84	12
4	125	110	88	13
5	76	65	86	14
6	139	116	83	15
7	286	244	85	13

（2）室内模拟线路试验。

在实验室模拟线路上进行了大量的自主找线试验，试验记录如表 4-3 所示。

表 4-3　　　　　　　　　　　室内手眼视觉找线试验记录

试验时间	找线次数	找线成功次数	找线成功率/%	平均找线时间/s
2015/09	246	219	89	13
2015/10	342	307	90	14
2015/11	264	226	85	12

第5章 输电线路机器人能耗预测技术

5.1 机器人能耗预测方案

通过研究巡检机器人面向巡检线路所需能量的能耗预测方法，实现巡检机器人能耗在线动态实时预测，采用基于能耗预测和电池剩余电能的作业规划，为巡检机器人可持续巡检智能控制提供基础。

线路巡检机器人能耗预测方案流程图如图 5-1 所示，能耗预测及其控制策略分为两个部分：① 根据锂电池放电曲线以及剩余电量函数预估出机器人剩余电量；② 根据线路能耗模型分别计算出机器人各部分以及巡检线路各区段能耗情况，根据剩余电量预测续航里程及时间。

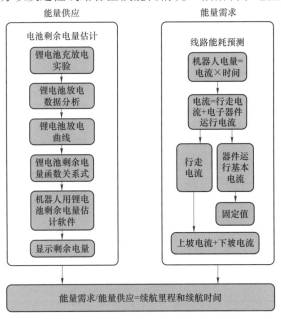

图 5-1 线路巡检机器人能耗预测方案流程图

5.2 机器人锂电池剩余电量估计

5.2.1 负载电压法

由于电池结构复杂，电池荷电状态（state of charge，SOC）受放电电流、电池内部温度、自放电、老化等因素的影响，SOC 的估算困难。目前，SOC 的估算方法有开路电压法、安时积分法、负载电压法、内阻法、神经网络和卡尔曼滤波法。开路电压法由于要预计开路电压，因此需要长时间静置电池组；安时积分法需要对电池使用过程中所有时刻的电流进行记录，然后积分，但机器人工作动作复杂，电流变化频繁，安时积分法将会使数据库复杂；内阻法存在着估算内阻的困难，在硬件上也难以实现；神经网络和卡尔曼滤波法则由于系统设置的困难，而且在电池管理系统中应用时成本很高，不具备优势。因此相对于以上方法而言，负载电压法具备能够实时对电池剩余电量估计的优势，并且成本低，实用性强。本书基于总电压为 42V，容量为 50AH 的锂电池组进行电量预测。

负载电压法是开路电压法的改进形式，它克服了开路电压法不能实时估计电池剩余容量的问题。首先建立电池模型，再通过实验得到电池在不同电流、不同温度下放电时负载的端电压和开路电压的关系，然后根据剩余容量与开路电压的关系曲线就可以计算出电池实时的剩余容量。

5.2.2 电池放电实验

为了预测电池的 SOC，在实际中经常采用经验公式模型，通过对电池的放电实验，得到锂电池的端电压和电池内阻、放电电流和 SOC 之间的关系，包括 Shepherd、Unnewehr universal 和 Nernst 电池模型，分别如下。

Shepherd 模型：

$$y = k_0 - Ri - k_1/x \tag{5-1}$$

Unnewehr universal 模型：

$$y = k_0 - Ri - k_i x \tag{5-2}$$

Nernst 模型：

$$y = k_0 - Ri + k_2 \ln x + k_3 \ln(1-x) \tag{5-3}$$

综合以上 3 种模型，得到

$$y = k_0 - Ri - k_1/x - k_2 x + k_3 \ln x + k_4 \ln(1-x) \tag{5-4}$$

式中：y 为锂电池的瞬时端电压；x 为锂电池的瞬时 SOC；R 为电池内阻；i 为瞬时放电电流。k_0、k_1、k_2、k_3、k_4 是没有物理意义的模型参数，通过实验数据拟合得到，式（5-4）是 SOC、与端电压、内阻、放电电流之间的数学关系，反映了外界对系统状态的观测过程，可以作为锂电池状态空间模型的量测方程。那么就需要在实验室中搭建实验平台进行放电实验。

硬件平台如图 5-2 所示。机器人在运行时，电流值在 2～12A 放电范围内，因此放电实验中的电流需控制在该范围。为了模拟现场环境，放电实验时，将锂电池从充满电的状态（SOC 初值为 1）开始变电流放电，每次放电实验分别接入不同的电阻值，随着锂电池放电时电压逐渐降低，此时调节电阻值，使电流保持恒定。每隔 1s 采集一次锂电池的端电压值和放电电流值，然后通过安时计量法计算得到剩余电量及对应的 SOC 值，数据（以 10A 恒定电流放电为例）如图 5-3 所示。

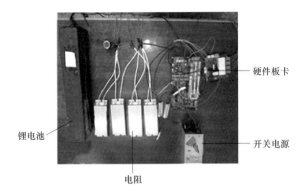

图 5-2 电池放电实验平台

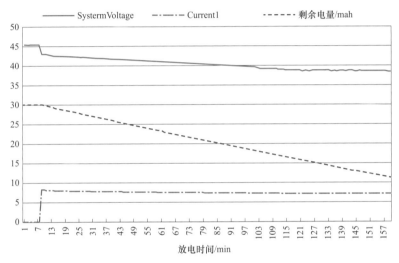

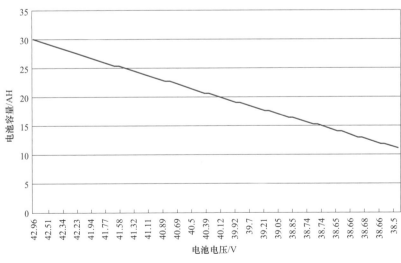

图 5-3 采集的实验数据

　　将采集及计算得到的数据,利用最小二乘法在 MATLAB 中进行参数辨识得到 k_0、R、k_1、k_2、k_3、k_4 的值分别为 26.98、0.065、2.44、-18.58、-11.51、-0.29。将其带入式(5-4)

即得量测方程如下：

$$y = 26.98 - 0.065i - 2.44/x + 18.58x - 11.51\ln x - 0.29\ln(1-x) + \xi \qquad (5-5)$$

式中：ξ 为量测噪声，实际应用中可省略。此外，非线性部分影响较小，也可省略，故公式简化为

$$C = 6.510\,97U - 219.207 \qquad (5-6)$$

其他电流放电实验类似。因此，可得出电池的剩余电量如表 5-1 所示。根据表格中的数据即可实时对机器人锂电池剩余电量进行估计。

表 5-1　　　　　　　　　　　电池剩余电量函数表

电流范围/A	对应实验放电倍率/C	剩余电量与电压的关系曲线/Ah
（1.25，1.75）	1.5/50	$C = 6.303\,79U - 214.827$
（1.75，2.25）	2/50	$C = 6.498\,12U - 222.008$
（2.25，2.75）	2.5/50	$C = 6.635\,72U - 227.105$
（2.75，3.5）	3/50	$C = 7.469\,71U - 261.042$
（3.5，4.5）	4/50	$C = 7.246\,85U - 251.655$
（4.5，5.5）	5/50	$C = 7.082\,25U - 244.325$
（5.5，6.5）	6/50	$C = 7.162\,99U - 246.707$
（6.5，7.5）	7/50	$C = 6.978\,54U - 239.173$
（7.5，8.5）	8/50	$C = 708\,542U - 242.709$
（8.5，9.5）	9/50	$C = 6.919\,19U - 235.601$
（9.5，10.5）	10/50	$C = 6.510\,97U - 219.207$
（10.5，11.5）	11/50	$C = 6.643\,45U - 223.129$
（11.5，12.5）	12/50	$C = 6.502\,87U - 217.241$
（12.5，13.5）	13/50	$C = 6.299\,21U - 208.905$
（13.5，14.5）	14/50	$C = 6.278\,71U - 207.221$
（14.5，15.5）	15/50	$C = 6.115\,81U - 200.669$
（15.5，16.5）	16/50	$C = 5.871\,88U - 190.64$

5.3　线路工况、机器人构型及巡检规划

1. 线路工况

图 5-4 所示为机器人运行的线路环境，机器人需要穿越的障碍物有防振锤、C 型悬垂线夹、耐张过桥、压接管及其他典型障碍物等。巡检机器人可在改造过的高压输电线路地线上行走，通过机器人本体平台搭载的多自由度云台可见光成像仪、多自由度云台红外热成像仪及激光雷达扫描仪等检测仪器，对线路走廊进行巡检。

2. 机器人构型

巡检机器人的机构构型中包括了 2 个行走关节、2 个压紧轮、2 个有限约束回转副、2 个移动副、2 个回转关节、1 个移动关节，机器人机构为双臂反对称轮式悬挂、双臂对称、双臂具有有限转动自由度的 3 自由度（3-DOF）"虫式蠕动行走"机构。图 5-5（a）和图 5-5

（b）分别为机器人的机构图和样机图。

图 5-4　线路工况（C 型悬垂线夹、耐张过桥、防振锤）

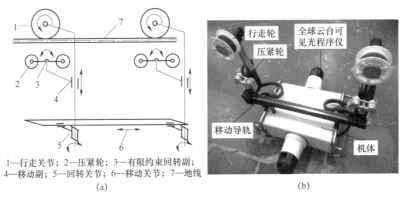

1—行走关节；2—压紧轮；3—有限约束回转副；
4—移动副；5—回转关节；6—移动关节；7—地线
（a）

（b）

图 5-5　线路机器人构型

（a）机器人机构图；（b）机器人样机图

3. 巡检任务规划

输电线路由杆塔、导线、地线、绝缘子和金具等组成，线路巡检机器人运行环境简化图如图 5-6 所示。巡检机器人沿其中的一根地线行驶，并在行驶过程中越过防振锤、C 型悬垂线夹、耐张过桥等障碍物，完成对线路的巡检任务。当巡检机器人电池剩余电量较少时，巡检机器人可在太阳能充电基站处进行充电。

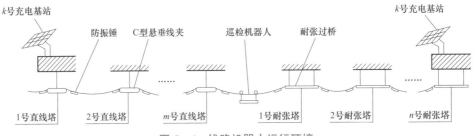

图 5-6　线路机器人运行环境

巡检机器人在遇到障碍物（以防振锤为例）时，首先会采用滚动穿越的方式。机器人要穿越防振锤，需要采取一系列的动作，其中包括多种状态及状态转移规则。巡检机器人滚动穿越防振锤的动作规划如图 5-7 所示。超声传感器阵列检测到防振锤后，减速继续前进，至前轮检测挡板接触到防振锤并检测到霍尔信号后，开始采取越障动作。由于防振锤一般处在杆塔附近，该路段均有一定的坡度，为了保证机器人越障可靠性及机器人本身的安全性，采用"后轮推滚—前轮拖滚"的方式越障，其他中间接头类障碍物的越障方法类似。

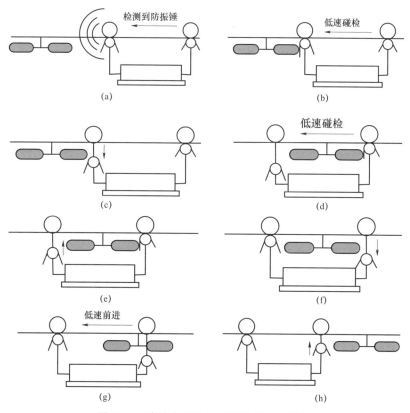

图 5-7　滚动穿越防振锤行为的动作规划

如图 5-8 所示为架空地线呈斜抛物线状，工程实际中，经常采用斜抛物线公式作为架空地线的数学模型。

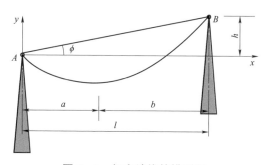

图 5-8　架空地线的模型图

以悬点 A 作为坐标原点建立平面坐标系，斜抛物线公式为

$$y = \frac{h}{l}x - \frac{\gamma x(l-x)}{2\sigma_0 \cos\phi} \tag{5-7}$$

式中：l 为水平挡距，m；h 为两悬点的高差，m；σ_0 为水平应力或最低点的应力，MPa；γ 为地线比载，MPa/m；ϕ 为地线在相邻杆塔连接点 A、B 连线与 X 轴的夹角。

易知悬点 $A(x_A, y_A)$ 的坐标为 $(0,0)$，悬点 $B(x_C, y_C)$ 的坐标为 (l, h)，θ 为地线上任意一点的坡度，地线上任意一点斜率 y' 为：

$$y' = \tan\theta = \frac{h}{l} - \frac{\sqrt{l^2+h^2}\gamma}{2\sigma_0} + \frac{\sqrt{l^2+h^2}\gamma x}{\sigma_0 l} \tag{5-8}$$

可得

$$
\begin{aligned}
\sin\theta &= \frac{\dfrac{h}{l} - \dfrac{\sqrt{l^2+h^2}\gamma}{2\sigma_0} + \dfrac{\sqrt{l^2+h^2}\gamma x}{\sigma_0 l}}{\sqrt{\left(\dfrac{h}{l} - \dfrac{\sqrt{l^2+h^2}\gamma}{2\sigma_0} + \dfrac{\sqrt{l^2+h^2}x}{\sigma_0 l}\right)^2 + 1}} \\
&= \frac{2h - l\gamma\sqrt{l^2+h^2} + 2\gamma\sqrt{l^2+h^2}x}{4(l^2+h^2)\gamma^2 x^2 + \left[8\sigma_0 h\sqrt{l^2+h^2}\gamma + 4(l^2+h^2)\gamma^2 l\right]x + 4\sigma_0^2 h^2 + l^2(l^2+h^2)\gamma^2 - 4\sigma_0 hl\gamma\sqrt{l^2+h^2}}
\end{aligned}
\tag{5-9}
$$

5.4 基于线路工况的能耗模型及续航预测

本节将通过建立架空高压输电电路地线的数学模型及机器人在线路上相应的电流模型，最终根据安时计量法得到巡检机器人的能耗模型。

5.4.1 机器人静态能耗

机器人的静态能耗，即机器人通电以后既没有行走也没有作业时的能耗。设此时机器人干路电流为 $i_j = 3\text{A}$，静态运行时间为 t_j，则其能耗 C_j 为

$$C_j = \sum \int_0^{t_j} i_j \mathrm{d}t = 3\sum t_j \tag{5-10}$$

5.4.2 机器人动态能耗

（1）机器人在线路上行走时上下坡的能耗。

首先分析上下坡时的受力：在实际线路中，一个档段会有几百至一千多米，而其中防振锤地线段不足半米，除了过防振锤段采用爬行越障，线路的其余部分均采用压紧轮松开、行走轮直接滚的方式，故在进行能耗预测时，可以将整个越障行驶方式近似看作是压紧轮松开、行走轮直接滚的方式。

1）上坡时的受力分析。

由于悬垂线的曲率半径远远大于机器人两臂之间的距离，因此可以认为两臂之间的架空地线为直线。受力分析如图 5－9 所示，机器人采用双轮驱动，当上坡匀速行驶时，行走轮的滚动方向为顺时针方向，行走轮电机提供驱动力矩，力矩方向为顺时针，滚动摩阻的方向与运动方向相反为逆时针方向，摩擦力的方向与运动方向相同。

通过上述分析有以下公式：

$$\begin{cases} M_q = M_f + fr \\ f = G\sin\theta \\ M_f = \delta N = \delta G\cos\theta \end{cases} \tag{5-11}$$

由式（5－11）可得

$$M_q = G\sin\theta r + \delta G\cos\theta \tag{5-12}$$

式中：M_q 为行走轮提供的驱动力矩；f 为行走轮受到的摩擦力；M_f 为行走轮受到的滚动摩阻；G 为机器人的重力；N 为对地线的正压力；r 为行走轮的内径；δ 为滚动摩阻系数。

2）下坡时的受力分析。

受力分析如图 5－10 所示，机器人采用双轮驱动，当下坡匀速行驶时，行走轮的滚动方向为顺时针方向，行走轮电动机提供制动力矩，力矩方向与滚动方向相反为逆时针，滚动摩阻的方向与运动方向相反为逆时针方向，摩擦力的方向与运动方向相反。

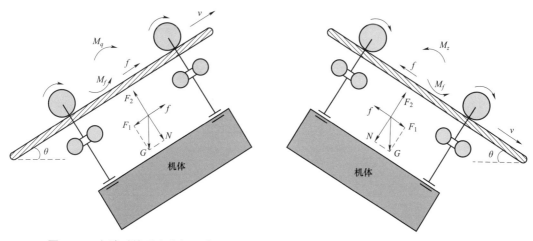

图 5－9　上坡时的受力分析示意图　　　　图 5－10　下坡时的受力分析示意图

通过上述分析有以下公式：

$$\begin{cases} M_z = fr - M_f \\ f = G\sin\theta \\ M_f = \delta N = \delta G\cos\theta \end{cases} \tag{5-13}$$

由式（5－13）可得

$$M_z = G\sin\theta r - \delta G\cos\theta \tag{5-14}$$

M_z 为机器人下坡时的制动力矩。

由直流电动机的电磁转矩理论可得

$$i_w = \begin{cases} \dfrac{M_q}{C_M \Phi} = \dfrac{G \sin \theta r + \delta G \cos \theta}{C_M \Phi} \\[3mm] \dfrac{M_z}{C_M \Phi} = \dfrac{G \sin \theta r - \delta G \cos \theta}{C_M \Phi} \end{cases} \qquad (5-15)$$

式中：C_M 为转矩常数；Φ 为磁通；i_w 为行走电动机总能量。

又因机器人在以固定速度行驶过程中，δ 非常小，且 $\cos\theta$ 变化非常小，故可分别在上坡和下坡时令 $\delta G \cos \theta$ 为一常数，又 $i_x = i_w + i_j$，且 i_j 为一定值，则上式可转化为

$$i_x = \begin{cases} A \sin \theta + B \\ C \sin \theta + D \end{cases} \qquad (5-16)$$

式中：i_x 为机器人行走时的干路电流。

以机器人正常工作行驶速度 5900r/min 进行试验，试验过程如图 5-11 所示，多次试验结果平均值如表 5-2 所示。

图 5-11　机器人爬坡试验

表 5-2　　　　　　　　　　爬坡试验数据表

θ	$\sin\theta$	i	θ	$\sin\theta$	i
−25	−0.422 62	4.649	1	0.017 452	5.804
−24	−0.406 74	4.477	2	0.034 899	6.403
−23	−0.390 73	4.415	3	0.052 336	6.822
−22	−0.374 61	4.231	4	0.069 756	7.423
−21	−0.358 37	4.302	5	0.087 156	7.908
−20	−0.342 02	4.185	6	0.104 528	8.375
−19	−0.325 57	4.112	7	0.121 869	8.990
−18	−0.309 02	4.130	8	0.139 173	9.537
−17	−0.292 37	3.961	9	0.156 434	9.998
−16	−0.275 64	3.803	10	0.173 648	10.525
−15	−0.258 82	3.809	11	0.190 809	11.002

续表

θ	$\sin\theta$	i	θ	$\sin\theta$	i
−14	−0.241 92	3.603	12	0.207 912	11.533
−13	−0.224 95	3.307	13	0.224 951	12.120
−12	−0.207 91	3.530	14	0.241 922	12.564
−11	−0.190 81	3.503	15	0.258 819	12.591
−10	−0.173 65	3.690	16	0.275 637	13.566
−9	−0.156 43	3.654	17	0.292 372	14.066
−8	−0.139 17	3.613	18	0.309 017	14.765
−7	−0.121 87	3.156	19	0.325 568	15.153
−6	−0.104 53	3.113	20	0.342 02	15.443
−5	−0.087 16	3.036	21	0.358 368	16.030
−4	−0.069 76	3.667	22	0.374 607	16.713
−3	−0.052 34	3.807	23	0.390 731	16.993
−2	−0.034 9	4.226	24	0.406 737	17.469
−1	−0.017 45	4.805	25	0.422 618	17.943
0	0	5.364			

干路电流值 i_x 与 $\sin\theta$ 的关系曲线如图 5−12 所示。

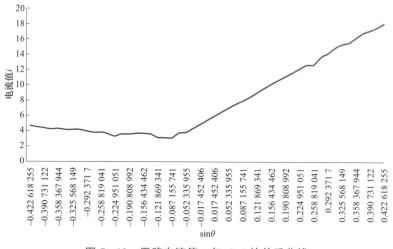

图 5−12　干路电流值 i_x 与 $\sin\theta$ 的关系曲线

由图 5−12 可知，当机器人在下坡坡度为 5° 左右时，机器人的电流达到最小值为 3A，即为机器人的静态电流

$$i_j = 3\text{A} \tag{5−17}$$

经过函数插值运算，得出 $A = 29.761\ 17$，$B = 5.364\ 688$，$C = -1.316\ 34$，$D = 2.641\ 682$，则

$$i_x = \begin{cases} -1.316\,34\sin\theta + 2.641\,682 & \theta \leqslant 5° \\ 29.761\,17\sin\theta + 5.364\,688 & \theta \geqslant 5° \end{cases} \tag{5-18}$$

设行走时机器人的行走时间为 t_x，则机器人在线路上行走的能耗为 C_x：

$$C_x = \sum \int_0^{t_x} i_x \mathrm{d}t \tag{5-19}$$

根据以上分析，可知：

$$i_x = \psi(\sin\theta) = f(x) \tag{5-20}$$

则

$$C_x = \sum \int_0^x f(x)\mathrm{d}x \tag{5-21}$$

（2）机器人越障能耗。

机器人在线路上行驶以后，会在杆塔处进行越障，然而不同的障碍物（如直线塔或耐张塔）的越障动作规划不一样，故电流也是根据动作的变化而变化的。经过试验验证，机器人在进行单个动作时的干路电流是稳定不变的，试验现场图和试验结果分别如图 5-13 和表 5-3 所示。设该变化的电流为 i_y，越障时间为 t_y，则机器人越障的能耗 C_y 为

$$C_y = \sum \int_0^{t_y} i_y \mathrm{d}t = \sum (i_{shb}t_{shb} + i_{zb}t_{zb} + i_{sb}t_{sb} + i_{sob}t_{sob} + i_{yj}t_{yj} + i_{sk}t_{sk} + i_{xz}t_{xz}) \tag{5-22}$$

图 5-13 机器人越障试验

表 5-3　　　　　　　　　　　　机器人越障分解动作电流

动作类型	时间符号	干路电流/A
收臂	t_{shb}	$i_{shb} = 7.00$
展臂	t_{zb}	$i_{zb} = 6.50$
锁臂	t_{sb}	$i_{sb} = 5.50$
松臂	t_{sob}	$i_{sob} = 5.00$
压紧	t_{yj}	$i_{yj} = 5.30$
松开	t_{sk}	$i_{sk} = 5.30$
行走	t_{xz}	$i_{xz} = 10.00$

故

$$C_y = \sum (7t_{shb} + 6.5t_{zb} + 5.5t_{sb} + 5t_{sob} + 5.3t_{yj} + 5.3t_{sk} + 10t_{xz}) \tag{5-23}$$

（3）机器人巡检作业能耗。

机器人在跨越障碍之前或之后要静止下来对线路杆塔进行巡检检查，此时机器人电流主要由机箱中的元器件损耗的电流组成。设该电流为 $i_s = 5A$ ，巡检执行任务工作时间为 t_s ，则机器人在该部分的能耗 C_s 为

$$C_s = \sum \int_0^{t_s} i_s \mathrm{d}t = 5\sum t_s \tag{5-24}$$

5.4.3　机器人总能耗

机器人总能耗包括静态能耗和动态能耗两大部分，而动态能耗又细分为行走能耗、越障能耗和作业能耗，故机器人在整个巡检作业过程中的能量消耗可以用下面表达式表示：

$$C = C_j + C_x + C_y + C_s = 3\sum t_j + \sum \int_0^x f(x)\mathrm{d}x + $$
$$\sum (7t_{shb} + 6.5t_{zb} + 5.5t_{sb} + 5t_{sob} + 5.3t_{yj} + 5.3t_{sk} + 10t_{xz}) + 5\sum t_s \tag{5-25}$$

5.4.4　续航里程估计

续航里程估计，涉及机器人锂电池剩余电量估计和基于线路工况的能量消耗预测，根据前文介绍的机器人锂电池剩余电量估计方法得到续航过程可用的电池电量，结合待巡检线路实际工况计算能量消耗量，即可实现机器人续航里程预测或估计。

5.4.5　能耗预测软件

能耗预测软件已经实现剩余电量的估计，续航里程的模型已经得到试验验证，图 5-14 为机器人能耗预测软件界面。

图 5-14　机器人能耗预测软件界面

第6章　输电线路机器人风载检测及控制技术

6.1　风载荷及其对机器人姿态的影响

（1）机器人结构受风载荷模型与风力的计算。

建立风载荷下巡检机器人的受力模型，如图6-1所示，机器人受到的风载荷 F 可以分解为横向风力 F_x、升力 F_y 和平行于机器人行驶方向的风力 F_z。F_z 与 v' 同向或逆向，主要影响机器人的速度与加速度大小；横向风力 F_x、升力 F_y 引起机器人两个方向的扰动，即以线路为轴线的左右横向摆动和上下振动，且呈现一定的周期性。已知机器人总质量 $m=50.0$kg，在不考虑地线舞动的情况下，非极端风速下由风载荷引起的升力 $F_y \ll mg$，对机器人姿态影响较小，在此不对其重点研究。

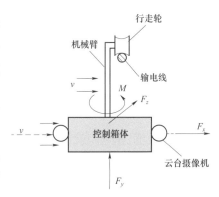

图6-1　风载荷下机器人的受力模型

横向风力 F_x 对巡检机器人的运行作业影响最大，计算横向风力 F_x 采用如下公式：

$$F_x = \frac{1}{2}\rho\alpha_K K_h A v^2 \tag{6-1}$$

式中：ρ 为空气密度，标准值为 1.226kg/m³；α 为风速不均匀系数；K 为空气动力学系数；K_h 为高空风速增大系数；A 为受风投影面积，单位为 m²；v 为风速，单位为 m/s。

在距离地面60m的野外环境中，高空风速增大系数取 $K_h=1.71$，空气动力学系数 $K=1.5$，风速不均匀系数 $\alpha=0.85$，为了计算机器人行驶过程中不同风向下风力对机器人的最大影响，风速 v 取地面最大风速值，简化式（6-1）得

$$F_x = 1.336Av^2 \tag{6-2}$$

（2）巡检机器人受风载荷影响分析。

巡检机器人的横向面积 $A=0.7 \times 0.3 = 0.21$m²，在风力等级为六级、风速 $v=14$m/s 的情况下，横向风力 $F_x=54.990$N，机器人重心在 F_x 的作用下沿地线为轴心的静态偏转角为

$$\theta = \arctan\frac{F_x}{mg} = 7.11° \tag{6-3}$$

由于阵风效应的存在，巡检机器人姿态表现为以地线为轴线的横向类似周期性摆动，对机器人运行影响主要在穿越杆塔过障和定点巡检两个方面。

1）为提高过障效率，巡检机器人在穿越悬垂线夹和耐张塔头过程中控制系统优先选用

滚动越障方式，双臂压紧轮完全松开将会使行走轮与地线道路之间的摩擦系数显著减小，横向风力下机器人摆角值增大至某一定值后，行走轮边缘会与上述金具相接触，继续行走可能导致行走轮脱离地线路径。

2）机器人巡检作业过程中，若摆动频率值过大将使两侧云摄像机对焦困难，造成巡检图像模糊，产生大量无效照片导致巡检作业失败。

6.2 机器人姿态检测与巡检作业控制

1. 横向摆动频率与摆角幅值的获取

频率与幅值是周期性摆动的两个主要特征，通过实时检测机体的摆动频率与摆动幅值可检测机器人在线上的姿态。风载荷的不稳定性导致摆动频率和幅值呈现不确定的变化，为了保障机器人安全行走及避免巡检过程产生过多无效照片，机器人系统需实时监测运行状态下的摆角幅值与频率。因此，设计了一种在线实时监测机器人摆动姿态的方法：通过机器人控制系统实时采集机体摆角数据并进行周期性拟合，得到摆动频率与摆角幅值。

（1）检测系统硬件组成。

在巡检机器人的控制箱内部安装 SCA100T 倾角传感器，SCA100T 是一种高精度双轴倾角传感器，采样频率在 8Hz 及以下时，输出分辨率可达 0.002°。控制系统由 SCA100T 可实时检测机器人与图 6-2 中 X 轴和 Y 轴的夹角，其中与 Y 轴的夹角即为横向摆角 θ，体现了机器人在风载荷作用下的横向倾斜程度。

（2）周期性拟合方法。

机器人质量大，风载作用中受自身惯性

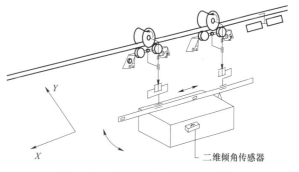

图 6-2 二维倾角传感器安装位置

影响明显，在固定的某一小段时间 T 范围内，认为机器人摆角值轨迹呈正弦曲线规律变化，将 T 时间段内的 θ 值进行正弦曲线拟合，得到 T 时间段的摆动频率 F 与摆角幅值 A。

对采样序列进行正弦拟合的方法一般有五次多项式拟合法、牛顿法和 Marquardt 法等多种方法。五次多项式拟合法采用最小二乘法拟合原理，是多项式拟合中效果最佳的，能够很好地拟合出三角函数特性。牛顿法是基于一阶泰勒公式展开与误差修正技术相结合的产物，搜索终止的判据可以是参数增量或残差平方和。Marquardt 法则避免了牛顿法的发散问题，解决了速度损失问题。上述方法皆能够有较好的拟合效果，缺点是运算过程较为复杂，对机器人控制系统的要求较高。

在机器人获取较高质量摆角值序列的前提下，提出一种基于摆角值周期性正负异号特征来拟合摆角值曲线波形变化的方法。

图 6-3 中，在一个完整的正弦周期内摆角序列 waveangle 发生了三次正负异号，此后每增加半个周期，异号次数增加一次，因此可以从第一次异号起始，根据在固定 T 时间段内摆角值发生异号次数计算出机器人的摆动周期，即可得到摆动频率 F，且 T 时间内最大摆角值即为机器人实时摆角幅值 A。

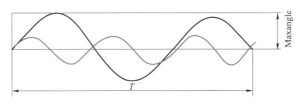

图 6-3　正弦拟合原理图

$$t = T / [1 + 0.5(\text{cnt} - 3)] \qquad (6-4)$$

$$F = 1 / t \qquad (6-5)$$

$$A = \max\{\text{waveangle}\}_T \qquad (6-6)$$

式中，t 表示摆动周期；cnt 是摆角数值发生正负异号的次数。

2. 不同姿态下的机器人作业控制

机器人在穿越杆塔和自动巡检过程中，风载作用程序每 T 时间段将最新存入 C 程序容器 vector＜float＞：waveangles 中的摆角序列值进行一次运算并且将运算后的摆动参数 F 与 A 值存入系统全局变量中，主程序读取全局变量值后结合 F 与 A 值的安全范围决定是否调整机器人正在进行或即将进行的运动规划；运动控制单元改变机器人过塔方式由滚动越障变成蠕动越障；视觉单元调整摄像机巡检方式由照片巡检变为视频巡检或极端情况暂停巡检任务。

控制流程图如图 6-4 所示，图中 F_p 是满足机器人拍摄照片巡检的最大摆动频率；A_c 表示巡检机器人滚动越障过程允许的最大摆角值；$A_{\max}$ 是机器人高空作业下允许的最大安全摆角值。F_p、A_c、$A_{\max}$ 值大小由机器人在室外模拟杆塔上试验及风载荷检验测试进行确定。

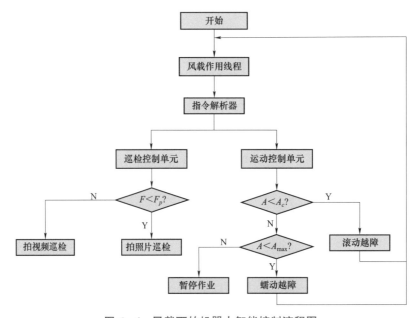

图 6-4　风载下的机器人智能控制流程图

6.3　风载试验验证

（1）姿态检测试验验证与机器人运行参数确定。

在实验室模拟风载作用的过程中，机器人系统每隔 100ms 读取一次二维倾角传感器 θ 值记入系统数据库中。某两随机时间段内摆角值 waveangle 轨迹曲线如图 6-5 所示。

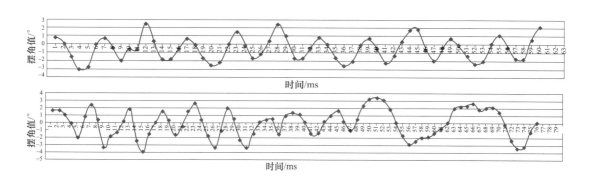

图 6-5　摆角值轨迹曲线

由试验结果可知，机器人摆角值轨迹曲线变化规律类似于正弦曲线，且一般情况下机器人摆动轨迹规律可在 1.5～2.0s 范围内体现。现场试验中取运算时间 $T=3.0s$、$F_p=2.0Hz$、$A_c=8.0°$、$A_{max}=10.0°$。

（2）室外线路环境试验。

在室外输电线路地线上进行试验，用于测试风载控制系统运行效果。其中，气象条件分为微风（≤3 级）和强风（5～6 级，阵风可达 7 级）两种状况，机器人运行状态有穿越杆塔和定点巡检两种，试验结果如下。

1）微风试验。

穿越杆塔。机器人松开前后两臂压紧轮，直接滚动行驶穿越杆塔障碍物群，此时机体摆动幅值小，机器人不会存在脱轨隐患。

定点巡检。机器人根据空间坐标对地线下方的重点金具拍摄照片巡检，此时拍摄的视频图像清晰可见，可满足巡检要求。

2）强风试验。

穿越杆塔。机器人在滚动越障过程中若某一次监测到 $A \geqslant F_{max}$，则机器人及时调整运动规划，由滚动越障调整为蠕动通过，即至少有一只手臂压紧轮处于压紧状态，待一组蠕动动作序列完成后，机器人继续进行下一次判断。图 6-6（b）是风载控制线程判断 $A \geqslant F_{max}$ 后，机器人由滚动行走改变为蠕动行走，前进方向从左至右。

定点巡检。当 $F \geqslant F_p$ 时，摄像机所拍摄照片不能清晰地分辨目标物体，此时开启视频拍摄。图 6-6（c）是摆角频率 $F > F_p$ 时摄像机拍摄绝缘子串连接处的照片，图 6-6（d）是切换至视频拍摄后在所拍摄视频中对该处的截图，可见，此时巡检目标在视频中可清晰辨别，仍可达到巡检要求。

图 6-6 风载荷下机器人作业优化

（a）滚动穿越杆塔障碍物群；（b）蠕动穿越杆塔障碍物群；（c）强风下所拍摄巡检照片；（d）强风下所获视频图像

3）试验结论。

巡检机器人高空作业过程中易受风载荷影响，会导致巡检图片模糊甚至极端情况下机器人脱轨的严重后果，本章节介绍了一种基于横向摆动姿态检测的机器人作业控制算法，依据摆动姿态实时优化机器人作业规划，实现巡检机器人依据风载荷下机体摆动姿态实时控制巡线机器人的行走动作与巡检策略。试验证明，该算法能提高机器人行驶的安全性和巡检任务执行的有效性。

第7章 输电线路机器人全自主巡检技术

7.1 机器人自主定位

对于机器人而言，巡检的"眼睛"是自身携带的云台设备，但机器人的大脑却不具备自主识别并且定位观察的功能。故只能利用现有的设备及工具，通过一定的途径获取机器人需要的信息，并且将这些信息转换成机器人内部的可用信息。机器人对自身获取的或人为给定的信息进行转换，将转换后的信息通过指令形式发送给云台。机器人在巡检到线路的任意位置时只有获取了杆塔的位置信息，才能完成机器人的实时巡检任务，这要求机器人具有自主定位的功能。

机器人需获取自身的实时位姿信息，并在自主运行的过程中通过编码器、霍尔计数器、倾角传感器获取到线路上的相关信息，即通过一定的算法处理得到机器人在线路段相对上一基杆塔某个初始点的空间位姿；机器人将杆塔坐标转换为机器人及其摄像机坐标，从而获取机器人巡检目标的坐标和机器人控制参数，实现机器人的对输电设备的自动巡检任务。

1. 杆塔定位

耐张杆塔的结构较为复杂，针对穿越机器人本书设计了专门的耐张过桥结构，以辅助机器人越障。塔上其他金具等目标点均在此坐标系上统一表示，并且坐标轴的方向均是水平或竖直的，便于塔上目标的坐标表示，机器人将所有坐标统一以数据库的形式存储以备程序调用。

直线杆塔相对于耐张杆塔的结构较为简单，改造量较小和施工方便，机器人越障方式也就相对简单，机器人能以一个相对安全的速度穿越过障。穿越过障过程中仅碰检防振锤，然后快速穿过直线杆塔，防振锤由于存在移位的不确定性，无法作为定位的基准。但直线杆塔悬垂金具串的两侧曲线是悬链线，穿越过障的过程中会出现由上坡状态转为下坡状态。机器人在碰检防振锤后检测坡度值的变化，倾角传感器会返回由正值转为负值的过程。中间过渡的过程便是直线杆塔的基本原点，即地线悬挂点处。耐张杆塔的定位方式与直线杆塔的方式相同，这极大地增强了定位方案的通用性，对机器人的越障规划也不需要做任何的更改，而且定位的方案简单，要求低；虽然相对精度不高，但满足巡检的基本要求。机器人自主定位的整体流程如图7-1所示。

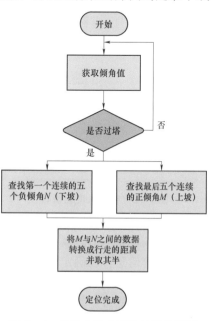

图7-1 机器人自主定位的整体流程

2. 地线定位

地线定位在杆塔定位以后，是机器人运行一段时间获取到线路的信息并将其处理为相对于杆塔坐标系的定位过程。机器人沿线行走一段时间后，行走的距离需通过机器人能够获取的数据得到相对于杆塔坐标原点的位置。机器人将沿线竖直平面上的行走里程分解为二维方向上水平和竖直两个方向上的里程，以此表示机器人的坐标系相对于杆塔坐标系的定位，方便后续的坐标变换过程。该方案的思路类似于惯导系统，通过机器人获取的传感器值进行处理，在不同方向上进行积分获取到二维方向上的数据。原理公式如下：

$$\begin{aligned}\Delta y &= \Delta t \times \int_0^T v\cos\theta \mathrm{d}t \\ \Delta z &= \Delta t \times \int_0^T v\sin\theta \mathrm{d}t\end{aligned} \tag{7-1}$$

在实际应用时简化成

$$\begin{aligned}\Delta y &= \Delta t \times \sum_{i=1}^{n} v_i \cos\theta_i \\ \Delta z &= \Delta t \times \sum_{i=1}^{n} v_i \sin\theta_i\end{aligned} \tag{7-2}$$

式中，Δy 与 Δz 分别为机器人在越过杆塔坐标系后运行的竖直方向行程和水平沿线方向的行程。v 为机器人获取到的实时速度，θ 为获取到的实时坡度。Δt 为机器人读取数据的时间间隔，通过减小时间间隔的大小可以提高定位精度。程序流程图与方案流程图如图 7-2 所示。

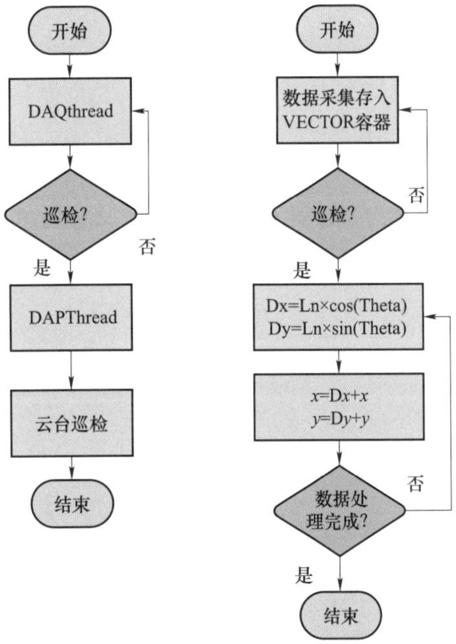

图 7-2　机器人巡检流程图

3. 机器人坐标变换

机器人的坐标变换过程是为了将杆塔上的巡检点坐标表示在机器人的坐标系及云台坐标系上。本书提出的有效解决方案是通过机器人定位，将获取到的信息进行坐标转换，并转化为机器人云台可识别的指令，以网络指令的形式进行通信，并让云台按照规划指令进行动作。

针对线路杆塔巡检，机器人需要在塔前和塔后进行两侧巡检，这对机器人提出了严格的考验。基于本书提出的方法，要求有一定的定位精度。定位的需求是为了确定机器人相对于杆塔的某一固定点的空间位置。巡检过程中机器人需要对杆塔进行定点巡检，所以机器人在定点的时候需要以正常的双臂锁紧固定在线上的姿态，并且获取到机器人的倾角及摆角等信息，以确定机器人该时刻的姿态。当需要的位姿信息都得到后，进行空间坐标转换。对于杆塔上的目标点的信息，需事先从资料上进行获取并存入机器人的数据库。在机器人巡检时，通过杆塔信息调用不同的数据库信息，并且通过位姿参数进行坐标变换，将巡检目标点以坐标形式转换到云台的笛卡尔坐标系中。当云台知道巡检目标点后，再根据机器人的云台的自身运动规则进行变换，使云台的视场角中心在巡检目标点上。上述步骤虽然烦琐，但对于机器人来说却很简单，整个过程不需要机器人外携其他设备，所以这种方案对于机器人智能巡检来说据有重大优势。

塔上目标点坐标系都是在杆塔坐标系上建立的，取目标点的坐标为 (X_0, Y_0, Z_0)。对于线路及杆塔，有转角塔转角 α，行走距离 Δy，Δz，坡度值 θ，以及机器人云台安装的俯仰角 β 等。三维坐标变换的目的是将杆塔坐标系上的坐标转换成云台坐标系上的坐标，即

$$\begin{bmatrix} X_1 \\ Y_1 \\ Z_1 \\ 1 \end{bmatrix} = \begin{bmatrix} \cos\alpha & 0 & \sin\alpha & 0 \\ 0 & 1 & 0 & -\Delta y \\ -\sin\alpha & 0 & \cos\alpha & -\Delta z \\ 0 & 0 & 0 & 1 \end{bmatrix} \begin{bmatrix} 1 & 0 & 0 & -x_1 \\ 0 & \cos\theta & -\sin\theta & -y_1 \\ 0 & \sin\theta & \cos\theta & -z_1 \\ 0 & 0 & 0 & 1 \end{bmatrix} \begin{bmatrix} X_0 \\ Y_0 \\ Z_0 \\ 1 \end{bmatrix} \quad (7-3)$$

式中，x_1、y_1、z_1 分别为机器人本体的尺寸。其中，x_1 可取正负，代表两侧不同的云台。由于机器人本体安装的结构问题，机器人安装角为 φ，则

$$\begin{bmatrix} X \\ Y \\ Z \\ 1 \end{bmatrix} = \begin{bmatrix} \cos\varphi & -\sin\varphi & 0 & 0 \\ \sin\varphi & \cos\varphi & 0 & 0 \\ 0 & 0 & 1 & 0 \\ 0 & 0 & 0 & 1 \end{bmatrix} \begin{bmatrix} X_1 \\ Y_1 \\ Z_1 \\ 1 \end{bmatrix} \quad (7-4)$$

式中，X、Y、Z 则为目标点在云台坐标系上表示的坐标。

角度对应关系：转换为十进制后，Tilt 转角 $1° = 2.822$，其中从 0000 至 F808 的为对应十六进制的非；Pan 角 $1° = 2.822$，其中逆时针为正常值，顺时针为对应的非。

$$D = 2720(0aa0对应的十进制) / 60 \times degree \quad (7-5)$$

前面得到的坐标仅是在云台坐标系上的坐标，让机器人云台按照规划动作，云台本身还需要再次进行球坐标系转换。

对于内视，$Y > 0$ 区：

$$Pan = \arctan\frac{z}{y} + 180, \ Tilt = 45 - \arctan\frac{x}{\sqrt{y^2 + z^2}} \quad (7-6)$$

$Y \leqslant 0$ 区：

$$Pan = \arctan\frac{z}{y}, \ Tilt = 45 - \arctan\frac{x}{\sqrt{y^2 + z^2}} \quad (7-7)$$

外视由于对称安装，所以 Pan 角与内视相反，对于 Tilt 角：

$$Tilt = 45 + \arctan\frac{x}{\sqrt{y^2 + z^2}} \quad (7-8)$$

巡检整个过程的方案流程图如图 7-3 所示。

4. 巡检试验

试验条件：试验环境线路如图 7-4 所示，为实验室室外建设的线路，中间设有耐张塔与直线塔。

试验过程：设置好运动规划，并且调试好程序，做好试验准备，通过机器人在室外线路的自主运行并进行数据处理，观察试验时机器人整个过程的运动规划及云台动作，同时观察

云台返回的视频，运行完成后下载记录的数据进行观察和处理。

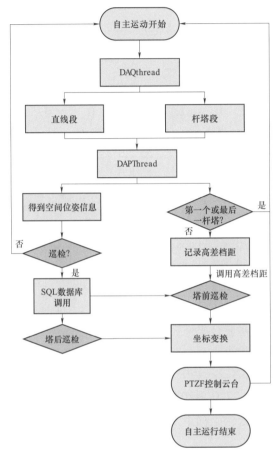

图7-3 机器人自主巡检完整流程图

图7-4 室外试验环境

试验结果：进行了多次试验，包括虚拟仿真试验与现场试验（图 7-5），均顺利完成了预期巡检过程及巡检动作。但是由于室外的试验条件有限，对于真实线路的运行表现尚未可知，主要表现在定位精度方面。还需不断优化解决方案，提高巡检精度，并且对巡检方案的细节做出相应的调整。

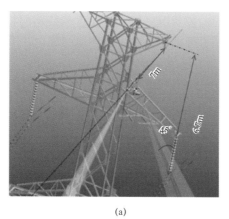
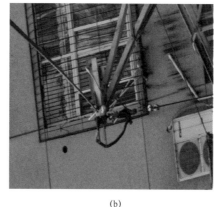

(a)   (b)

图 7-5 自主巡检试验图

（a）巡检虚拟图；（b）室外试验效果图

7.2 机器人自主巡检

研究巡检机器人的目的是实现自动巡检，就目前已有的机器人而言，其智能控制、任务规划、后台控制等技术已经相对成熟，但针对机器人巡检的方式及其智能化程度相对落后，故对于智能巡检机器人的自动巡检需求应运而生。自主巡检是机器人作业的核心需求，也是巡检机器人应用的主要目标。

自动巡检方案的提出是为了机器人巡检的智能化。就目前已有的巡检方案而言，工作量大、实用性不强、通用性不强等问题都暴露出来。针对目前已有方案本身存在的问题，亟须提出新的解决方案。

7.2.1 巡检作业对象

机器人巡检作业对象是指架空输电线路的主要部件及其线路走廊。架空输电线路的主要部件有导线、地线、金具、绝缘子、杆塔、基础、接地装置等。实际架空输电线路杆塔及其环境如图 7-6 所示，机器人巡检作业将从上线铁塔开始在各个挡距内行驶，并进行巡检作业，扫描线路的各个组成部分，机器人自动对组成部件的局部细节进行拍照生成巡检图片并保存。

杆塔是钢筋混凝土杆与铁塔的总称，它支承架空线路导线和架空地线，并使导线与导线之间、导线和架空地线之间，以及导线对大地和交叉跨越物之间有足够的安全距离。

金具是架空输电线路中的重要输电组成部件，包括保护金具（防振锤、间隔棒等）、接续金具、连接金具等。

架空输电线路走廊是指输电线路设施的周边环

图 7-6 实际架空输电线路杆塔及其环境

境，包括杆塔附近的地质状况、线路架设沿途的植被状况（特别是树木与线路的相对距离）及相邻输电线路的状况。机器人在巡检作业过程中可记录上述所有环境信息，并形成历史资料，便于进行长期的对比分析。

7.2.2 巡检作业内容

巡检作业内容主要是对巡检作业对象进行依次巡检，记录输电设备、线路走廊的各种状态，如杆塔及其组成部件有无损坏、松动、脱落、丢失等现象；导线和地线是否有断股、受损等现象，是否有杂物附着等问题；各种金具是否有锈蚀、损坏或脱落等现象。还可对关注的设备局部进行细节扫描，并将巡检作业的内容以视频和图片的形式存储。

7.2.3 巡检作业方法和流程

1. 巡检作业流程

机器人巡检整体作业流程分为上线准备、架空输电线路杆塔巡检、架空输电线路走廊巡检或环境巡检、下线等阶段，如图 7-7 所示。

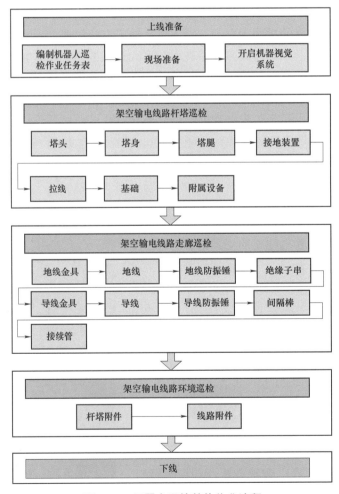

图 7-7 机器人巡检整体作业流程

2. 自主巡检作业方法

自主巡检作业主要是机器人根据输电线路环境控制摄像头扫描输电线路的图像信息,其方法如图 7-8 所示。当机器人在直线段行走时,对线路及其走廊环境信息巡检,控制摄像头在多相导线、地线及其通道往复拍摄;当靠近杆塔时,机器人为了获取清晰有效的图像,机器人停留在指定位置,根据杆塔结构自动从上到下扫描杆塔的细节,并完成信息的存储。为了区分海量图片信息,机器人将自动以杆塔号和序列号命名图片,以便后期分析处理。

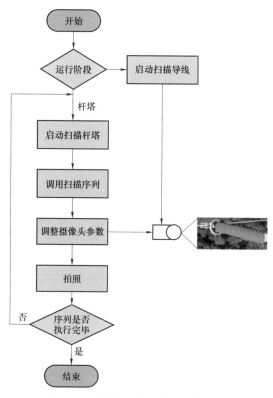

图 7-8 机器人自主巡检作业方法

3. 巡检作业规划

由于机器人在地线上运行,对导线及其金具巡检时总是处于俯视的状态,为了保证清晰有效的成像角度,机器人需要保持与巡检目标一定水平的距离,如图 7-9 所示。

通过分析巡检目标仿真模型,可以得到巡检多回路导线各相线时应保持的水平距离,依次为 7m、14m、20m、27m、32m、40m,由此可以制定机器人对应的巡检方案,如图 7-10 所示为同塔四回路杆塔的巡检方案。

具体步骤如下。

(1)机器人在靠近杆塔时减速,在距离杆塔 40m 处停车,对第五、第六根导线及其连接金具巡检。

(2)机器人继续前进,在距离杆塔 27m 处停车,对第三、第四根导线及其连接金具巡检。

(3)机器人继续前进,在距离杆塔 14m 处停车,对第一、第二根导线及其连接金具巡检。

图 7-9　机器人巡检作业规划

（a）上层回路的上相导线；（b）上层回路的中相导线；（c）上层回路的下相导线；
（d）下层回路的上相导线；（e）下层回路的中相导线；（f）下层回路的下相导线

（4）每次导线巡检路线如下：导线防振锤→耐张线夹压接管、引流板→耐张绝缘子串连接挂板 1→耐张绝缘子串 1→耐张绝缘子串连接挂板 2→杆塔塔身中部→塔顶→塔底；悬垂绝缘子串连接挂板 1→悬垂绝缘子串→悬垂绝缘子串连接挂板 2→耐张绝缘子串连接挂板 3→耐张绝缘子串 2→耐张绝缘子串连接挂板 4→导线防振锤。

（5）机器人越过杆塔后，同样在 14m、27m、40m 处停车，对杆塔反向巡检。

图 7 – 10　同塔四回路杆塔的巡检方案

7.3　机器人自主越障

7.3.1　自主越障规划

架空输电线路杆塔一般分为耐张杆塔和直线杆塔,耐张杆塔需附加过桥;直线杆塔通过改造的悬垂线夹将地线与杆塔连接,可实现机器人在整条线路上穿越行驶。一般每个杆塔处的前后地线分别安装有若干个防振锤,防振锤的数量根据挡距大小及设计规范而定,一般为1～3 个(1～2 个较为常见)。杆塔障碍物群结构示意图如图 7 – 11 所示。

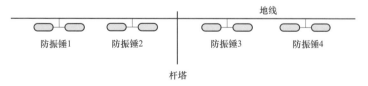

图 7 – 11　杆塔障碍物群结构示意图

机器人在架空地线上巡检,其运动主要分成两个部分,一是直线段行驶,二是过障,即通过杆塔,系统自主过障的原理如图 7 – 12 所示,图左边为机器人自适应爬坡的原理简图,右边为机器人自适应过障的原理简图，过障是机器人自主运行的一大难题。障碍物分为防振锤、悬垂线夹、耐张过桥，每个障碍物对应一套过障动作序列，而障碍物组合在一起，并不能简单地将单一障碍物的过障动作序列叠加或串联来实现机器人的过障。机器人运行过程的状态变化会影响过障动作序列的更迭，需要在运动规划中统一设计，但所有状态一般是已知的。因此，自主越障系统设计中，将杆塔和防振锤组合成一个障碍物，而不是单一设计每个具体障碍物的过障方法。这样设计的好处在于，在机器人运行阶段，面临的障碍物类型只有两种：直线段和杆塔，这对机器人使用是一种极大的简化。

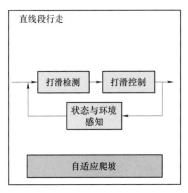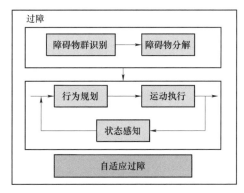

图 7－12　自主过障的原理

7.3.2　面向对象的控制系统设计

实现自主越障需要一套清晰简化的架构方法，不能采用原有面向过程的固定程序。控制系统架构设计直接影响系统实现的优良，对后期的改进和维护影响极大。采用面向对象的设计方法可以使设计更加清晰、简化，利于后期维护，简化开发流程。同时，使机器人在使用时变得更加人性化，人机交互更为简单明了。其最大的便利之处还在于使机器人的自主越障设计可以采用更接近自然的语言来描述。

面向对象的机器人控制系统设计方案如图 7－13 所示。将复杂的机器人作为一个对象，它由机构、云台摄像机、通信部件等对象构成。其中机构是将前臂、后臂和错臂机构抽象而成，它们具有共同的运动属性，如松臂操作、锁臂操作、压紧操作、松开操作、滚动行驶等。机构这一对象由传感器和电动机等对象构成，所有机构运动关节的电动机都抽象成电动机类，它们的属性决定电动机的运动控制方法，如有刷和无刷电动机需要使用不同的配置参数，但它们都是用统一的接口，如开启运动、停止运动、获取电流等。机器人中使用的各种型号传感器都抽象成传感器类，它们都具备获取状态值的功能，并将传感器对象与电动机对象关联，以便实现对电动机的运动控制。

通过采用面向对象的分析方法，机器人的所有控制都转换为对机器人运动自然语言的描述，程序的实现简单明了。控制系统上层设计中，机器人过障只需要简单地描述各机构的运动，而不用关注哪个电动机做何种运动及如何检测关节传感器，具备复杂逻辑控制的底层及其关节运动控制全部被封装，如机构的各种动作，对控制系统上层设计人员来说是完全透明的。而以往采用面向过程的分析方法无疑是件复杂而烦琐的方式。

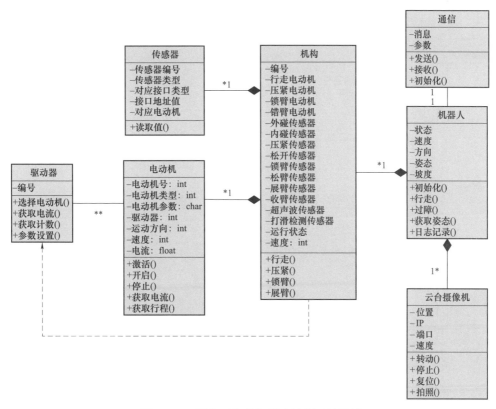

图 7-13　面向对象的机器人控制系统设计

本书以穿越耐张杆塔为例来描述机器人的设计方法，它是过障中最复杂、最烦琐的环节。其对象序列图如图 7-14 所示，从图中可以看出，整个过障运动简化为前臂、后臂、错臂三个机构对象之间的消息交互及其运动控制，对象的整个生命期及其何时激活清晰明了，无须关键关节电动机的烦琐逻辑控制，使设计更贴近运动过程中自然语言的描述。

机器人运动过程中始终由各机构对象之间的运动和消息交互贯穿而成，编程实现过程中完全不用关心底层的各种逻辑关系。过障碍物过程中，机构对象会依次根据自身运动状态和结果通知其他对象何时活动，接收到消息的对象根据机器人姿态自动检测活动初始姿态并完成任务。对象在完成自身的活动时，会启用多重保护机制，如关节运动的停车指令会根据过载保护单元、传感器单元、限位保护单元等结果融合产生，与其他对象的任何活动无关，避免了面向过程实现中的每个环节各种复杂的逻辑判断，最大限度地避免了机器人运动逻辑的混乱现象出现。同时更利于多对象的同步运动，提高机器人的运行效率，如前臂和后臂两个机构可同时进行压紧、松开运动，前臂和错臂可同时进行滚动和收/展臂运动。

自主过障流程简图如图 7-15 所示，整个过程状态信息和数据采用数据管理，避免编程实现过程中依赖全局变量交互，确保状态信息和过障动作可以回溯。

综上所述，机器人自主越障过程变成了各对象在其生命周期内进行的可靠活动控制和消息交互，而不是由复杂而烦琐的硬代码实现。

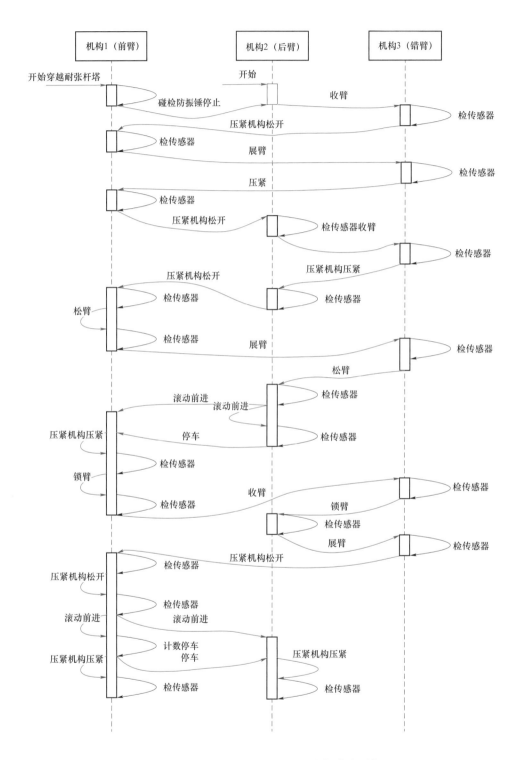

图7-14 机器人通过耐张杆塔的对象序列图

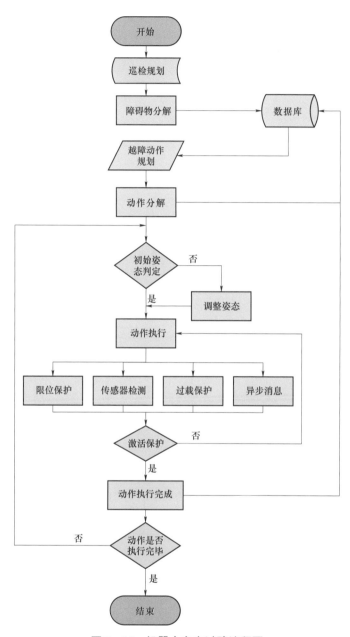

图 7-15　机器人自主过障流程图

7.4　机器人自主运行

自主越障解决了机器人过障运动控制的问题，它是机器人巡检作业的重要基础，是一种局部解决方案。但要实现机器人在无人监控下的自主运行，还需要机器人能够识别全局运行环境，即机器人知道自身巡检的完整线路信息。

架空输电线路结构示意图如图 7-16 所示，输电线路在建设投运后，所有结构参数，如杆塔类型、导线、地线型号、杆塔前后地线上防振锤数量、杆塔间的挡距等信息是先验已知的。

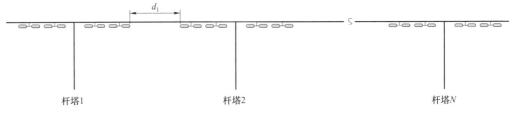

图 7-16　架空输电线路结构

图中杆塔 1～杆塔 N，每个杆塔类型已知，杆塔之间的距离 d_i（$i=1,2,\cdots,N$）已知，一般在运线路的这些参数信息不会更改（除非线路局部改造或解口），将其格式化后存储在数据库中，数据库结构如图 7-17 所示。数据表 line_info 用来存储线路的结构参数，如杆塔、杆塔类型、杆塔编号、杆塔前后防振锤数量、杆塔两侧档段距离、杆塔两侧坡度。

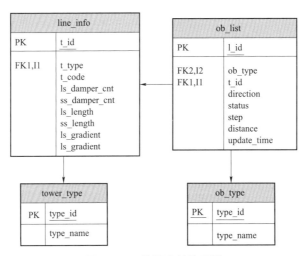

图 7-17　数据库结构设计

机器人巡检规划只需要告知起始杆塔、终止杆塔便可以完整规划机器人行驶路径和障碍物列表信息，并按照规则添加到数据表 ob_list 中，主要包含障碍物类型、运行方向、过障状态、设计步骤、行驶距离等。由于输电线路是单向延伸，机器人巡检作业时，还需要机器人具备返回功能，机器人可以往返巡检。机器人获取这些参数信息后，就可以进行全局自主规划与控制，无须人工干预。

机器人自主运行原理图如图 7-18 所示。机器人上线完成后，地面基站设置机器人巡检运动规划，将起始杆塔、终止杆塔、返回杆塔经通信系统传输给机器人，机器人接收到巡检参数后，根据数据库存储的线路信息自动生成障碍物列表，自动配置过障规划，并存储在数据库中。当开始运行后，自动从数据库中获取过障规划，根据自主越障功能完成机器人的行走与过障，并将日志记录到数据库，以便机器人自我恢复和离线分析。

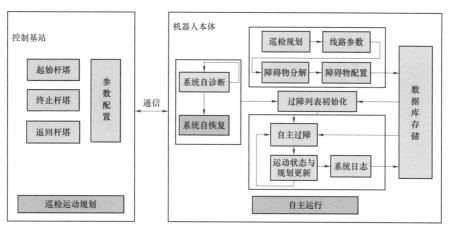

图 7-18 机器人自主运行原理图

7.5 机器人与地面基站自主交互

针对机器人自主运行，尤其是在超视距范围的自主运行，除了要保证机器人其自主运行是稳定可靠之外，还应保证机器人与地面基站必要的自主交互，一是为了查看机器人当前状态信息，二是为了保证机器人在自主运行时能够人工可控，因此，需要设计机器人与地面基站自主交互策略，实时汇报机器人的当前位置、状态参数信息，在需要时传回巡检视频图像及必要时的人工干预策略。

1. 超远程通信

在机器人远距离自主运行时，实现机器人本体与地面基站信息交互的前提是超远程通信平台。在综合考虑通信质量要求、可靠性和通信成本的原则上，本书采用了 WiFi/GPRS/4G融合的超远程通信平台，其实现原理如图 7-19 所示。

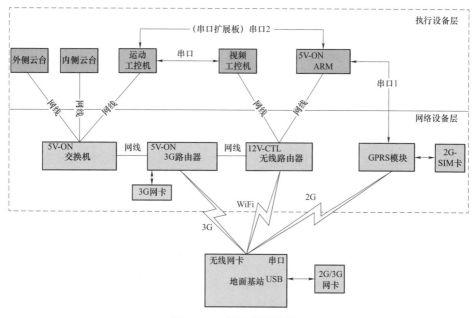

图 7-19 超远程通信平台

三种通信模式工作原理简要介绍如下。

（1）WiFi 通信（通信距离 2～5km）。

通过在机器人本体上安装无线路由器，机器人运动控制系统通过交换机与路由器联系。同时在本体上安装无线信号放大器，无线路由器的信号经过放大增强后传输距离大幅增加。

地面控制基站通过无线网卡 + 平板天线接收无线信号，加入机器人本体所在的局域网内，从而与机器人的控制系统联系，采用 Socket 通信协议进行信息交换。在无遮挡的条件下，能实现 5km 的远程控制。

（2）GPRS 通信（有 4G 信号覆盖时不受距离限制）。

机器人控制系统经过串口与本体上的 GPRS 通信模块联系，同日常使用的手机短信功能一样能收发信息。

地面控制基站通过 3G/4G 上网卡接入公网，通过中转软件与机器人本体上的 GPRS 模块发送消息，从而实现与机器人控制系统的联系。因此，只要机器人能够接收到 4G 信号，其通信距离不受限制。

（3）4G 通信（有 4G 信号覆盖时不受距离限制）。

机器人本体上有 4G 路由器，通过交换机与控制系统联系。在 4G 路由器上插入 4G 上网卡后能进行拨号上网，从而将机器人连入公网。

地面基站通过上网卡同样也连入了公网，从而可以通过公网的 IP 地址访问机器人系统，双方还是采用 TCP/IP 网络协议，与 WiFi 通信情况一样，通过 Socket 通信协议进行信息交互。

通过建立的 WiFi/GPRS/4G 混合通信平台，实现了机器人与地面基站在不同通信条件下的信息交互。

2. 自主交互策略

巡检机器人自主运行时依然需要交互以下三类信息：一是机器人状态信息和位置信息；二是机器人控制指令信息；三是机器人实时视频监控信息。其中，第一和第二类信息格式是一样的，均是数据信息且传输数据量较小，而第三类为视频信息，需要较快的传输能力。因此第一和第二类信息可以通过任何一种通信方式传输，而第三种信息仅在 WiFi 和 4G 情况下才能有效传输，所以在不同的通信方式下，传输的内容也会有所不同。为了实现最多的有用信息传输，我们需要监测各种通信方式的通信质量，来确定其自主交互的内容，同时选择当前通信质量最好的方式进行信息交互。三种通信方式都可用时，其优先选择顺序为 WiFi 通信、4G 通信、GPRS 通信。

（1）WiFi 通信。

WiFi 通信的原理是由无线路由器发射无线信息，地面基站接收后加入局域网内实现内网间通信，其通信质量的好坏取决于接收机器人的无线信号强度。因此，通过定时获取机器人无线信号强度值，在低于一个允许通信的阈值时，切换到另外两种通信方式。在检测到高于一个优质通信的阈值时，同时开启实时监控视频传输，其余的时段仅传输状态信息和控制指令信息。

（2）4G 通信。

4G 通信的原理是机器人通过携带的 4G 路由器拨号连接进入公网，地面基站访问机器人公网 IP 地址进行数据交互。其通信质量的好坏可以通过丢包率和数据传输率来判断，同样定时获取这两个指标，得到当前通信质量参数，根据经验阈值来判断传输内容是否采用 4G

通信方法，具体策略与 WiFi 通信方式一样。

（3）GPRS 通信。

GPRS 通信模式与手机短信通信功能类似，其本身并无通信质量监测指标，因此本书设置了通信校验模式，即本体或基站在发送数据后都会请求对方回复，接收信息的一方在收到消息后马上回馈。所以当发送的数据没有返回结果时，表明当前信息发送不成功，GPRS 通信已经失效，此时会反复刷新请求消息及另外两种通信方式的通信指标，直至重新连接上机器人。

通过以上通信策略的设计，保证了机器人有多种通信方式，并且会自动选择通信质量最强的方式进行信息交互，交互内容取决于当前通信方式及其通信指标强度，实现了本体与地面基站的自主信息交互。

7.6　机器人自主故障诊断与复位

1. 机器人故障分类

机器人自主故障诊断与复位是机器人在无人监控状态下自主运行的保障。机器人的故障分类如图 7-20 所示。机器人自身能检测的故障分为机械故障、电气故障和软件故障，电气故障中又分为传感器故障、板卡故障、通信设备故障和驱动单元故障。

按故障处理方法不同，机器人故障又可分为可自恢复故障、可替换故障和需修复故障，如图 7-21 所示。

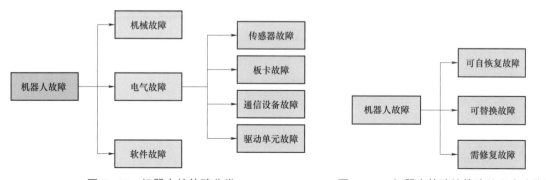

图 7-20　机器人的故障分类　　　　图 7-21　机器人故障按故障处理方法分类

（1）可自恢复故障主要指机器人能诊断出故障，并自动恢复以排除故障，它包括软件故障、通信设备故障。

（2）可替换故障是指机器人检测出该故障后，可以采用替换的方案来避免故障产生影响，如传感器故障，传感器主要用于限位控制，它可通过计数控制来替换。

（3）需修复故障是指故障发生后，机器人无法继续运行，如机械故障产生后往往限制了机器人关节动作执行，机器人一般无法自动修复，需要进行人工修复；需修复故障还包括板卡故障、驱动单元故障等。

故障产生的原因往往是多方面的，而且表现出级联反应，如当电气故障产生后，会导致软件故障和机械故障的产生，如果不及时诊断和处理，将导致机器人无法继续运行，甚至影响机器人的安全运行。

2. 机械故障诊断与修复

机械故障主要指机械传动部件之间的约束导致机构不能运动，如展臂运动到导轨极限位置或收臂运动到极限位置，如图7-22所示。

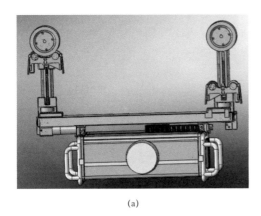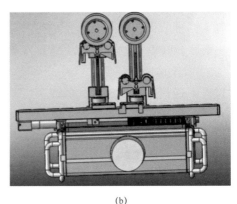

(a)   (b)

图7-22　机械故障表现

（a）展臂运动到导轨极限位置；（b）收臂运动到导轨极限位置

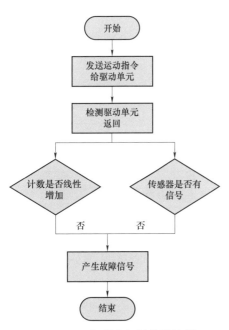

图7-23　机器人机械故障诊断

检测方法如图7-23所示。当驱动单元驱动展臂机构运动时，检测到驱动器反馈计数变化不呈线性，且传感器限位信号没有产生，这表明机器人展臂机构被锁死，当出现这种情况时，依靠电动机难以拖动。机器人检测到该故障后，通知控制系统停止运行，并等待人工修复。这种现象往往发生在过杆塔障碍物的过程中，但对线路和机器人不会产生安全影响。它产生的原因主要是机构运动过程中出现电气故障或软件故障。

3. 电气故障诊断与修复

传感器故障表现为当有信号产生时，输出信号不变化，如机构运动到限位位置时，限位传感器不产生信号。但这种故障往往可以采用替换的方案，各个机构的单位运动都有行程的限制，还有驱动电流的限制，可采用多重保护机制来抑制故障的影响。

板卡的种类较多，有处理器板卡、I/O（input/output，输入/输出）扩展板卡、串口扩展板卡等。处理板卡故障会使系统崩溃，该故障检测方法采用与基站定时交互，如果控制基站在规定的时间内没有信息反馈，可诊断出该故障，但不能自恢复。该故障产生后导致机器人无法控制，但此时机器人也会处于停滞状态，不会继续动作，等待人工救援。其他板卡可以通过数据监测来进行诊断，如串口通信失败、I/O读取错误等来诊断，这些故障也属于需修复故障，故障产生后，机器人不能继续工作，需人工修复。

通信设备故障表现为通信交互失败，路由器是核心通信设备，机器人可通过与控制基站进行交互，主动发送交互指令，如果没有收到反馈信息，机器人将重启路由器，一般可自恢复故障。

驱动单元主要包括驱动器、编码器和电动机，故障检测方法主要是通过读取驱动器状态信息，如果控制系统给驱动器发送指令，反馈失败可诊断出该单元出现故障，该故障的出现会导致机器人关节无法运动，导致规划动作无法完成，机器人将停止运行，通知后台控制中心，等待人工救援。

4. 软件故障诊断与修复

软件故障主要指应用程序的故障，机器人操作系统采用的是嵌入式 Windows CE6.0，操作系统采用的最小化功能定制，运行稳定。软件故障往往出现在应用程序上，原因也有多种，如内存操作失败、文件读写失败、硬件地址操作失败、CPU（central processing unit，中央处理器）温度过高、线路短路等，当软件故障产生后，系统将响应变慢，无法响应控制指令，严重时系统出现崩溃。软件故障的检测主要采用 Watchdog 的功能，通过应用程序激活和设置 Watchdog，它的实现原理是应用层和系统层定时进行交互，若响应超时，则认为软件产生故障。软件故障一般是一种可自恢复故障，只需将操作系统重新启动即可实现自恢复，当 Watchdog 检测到软件故障时，立即重启操作系统，以便恢复系统，软件故障的诊断与恢复流程图如图 7-24 所示。

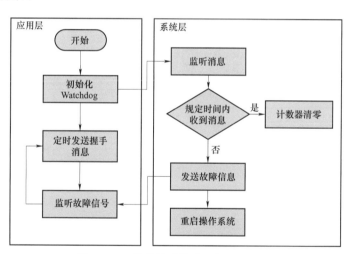

图 7-24 软件故障的诊断与恢复流程

第8章 输电线路机器人软件系统设计

8.1 软 件 开 发 平 台

软件控制分为三个部分：机器人本体控制系统、基站人机交互控制系统和后台数据管理系统，三部分拓扑关系如图8-1所示。

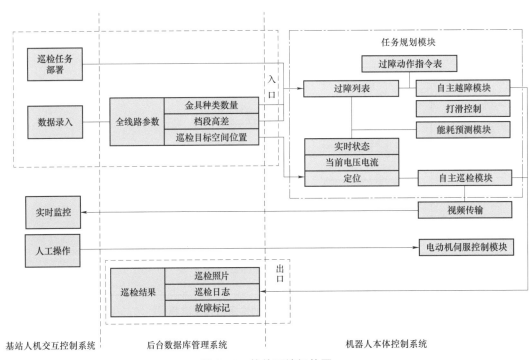

图 8-1 软件系统拓扑图

基站人机交互控制系统的主要功能有录入及修改线路数据库信息、部署巡检任务、人工操作机器人，以及实时监控巡检结果；机器人本体控制系统则是根据接收的基站控制指令，合理规划巡检任务，实现自主越障与自主巡检，并将巡检结果导入后台管理系统；后台数据管理系统负责存储和管理线路信息、巡检结果信息等。

整个软件系统统一的入口为线路数据信息和巡检作业任务，任务规划软件由此可以形成机器人过障动作指令表，以及摄像头巡检指令表，实现机器人自主越障和自主巡线；在任务规划软件中形成的过障列表，以及实测的机器人当前电压电流信息可以用来预测机器人能耗。软件系统统一的出口为机器人巡检结果，包括巡检可见光图片、红外图像图片和激光扫描数据、巡检日志及故障记录。

机器人本体控制系统框架图如图 8-2 所示。

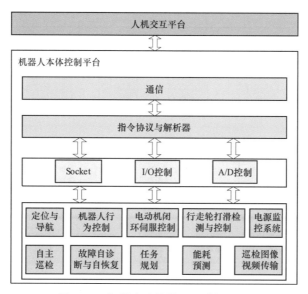

图 8-2　机器人本体控制系统框架图

机器人本体控制系统基于 Windows CE6.0 系统，采用 C++开发，具备系统稳定、响应速度快、支持多线程、故障自恢复等特点，平台开发基于面向对象的方法，具备良好的可扩展性，系统维护简单，采用基于 Socket 的网络通信。

通信层负责所有控制指令的收发及图片、视频信息的传输，通信层还负责维护通信信号的好坏，自动进行信号放大与收发。控制指令协议与解析器单元维护所有控制指令的认证和交互，并翻译为操作指令传递给其他控制单元。接口控制部分包括 I/O 控制和 A/D（analog to digital，模数）控制。本体系统包括有定位与导航、机器人行为控制、电动机闭环伺服控制、行走轮打滑检测与控制、电源监控系统、自主巡检、故障自诊断与自恢复、任务规划、能耗预测、巡检图像与视频传输等单元。地面基站人机交互系统框架如图 8-3 所示。

基站人机交互控制系统包括运动交互控制系统和巡检后台管理系统，均基于 Windows XP 操作系统设计，统一采用 C++语言、基于面向对象的开发方法，通过 Socket 网络通信。

运动交互控制系统的通信层与指令协议同机器人本体一致，负责所有控制指令的收发及图片、视频信息的传输。运动交互控制系统主要由机器人状态查询显示、运动控制、巡检任务部署及摄像头远程监控单元组成。

其中，地面基站还拥有一套基于 MySQL 关系型数据库系统，来存储机器人巡检数据，包括机器人自主运行所需的线路信息数据、巡检日志数据以及巡检结果数据。

巡检后台管理系统负责管理维护巡检数据，包含线路信息的录入与修改、巡检结果导入与分类、巡检作业报表的生成、故障分析与诊断、出具巡检报告等功能。

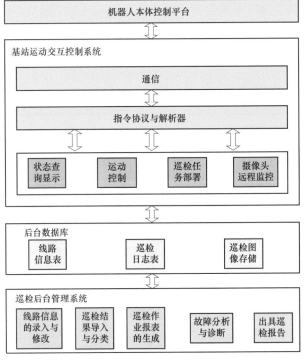

图 8-3　地面基站人机交互系统框架图

8.2　机器人本体软件

1. 软件开发环境

软件开发环境可选择硬件平台为基于 X86 的 PC104 CPU 模块，操作系统为 Windows CE 6.0，应用软件开发工具为 Embedded Visual C++。

2. 应用软件开发

主要是基于多线程技术进行应用软件的开发，进程与两个线程之间的关系如图 8-4 所示。

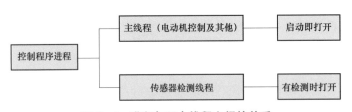

图 8-4　进程与两个线程之间的关系

（1）主线程。

在巡检机器人进行线路巡检时，最重要、最难和最复杂的工作是机器人的运动控制，包括在高压输电线路上行走巡检和跨越障碍物，这些工作均在电动机控制这一主线程中完成。以下分析主线程的程序结构，其软件结构如图 8-5 所示。

在上述主线程的结构图中,每一个方框均为一个消息响应函数,这些消息为自定义消息。电源控制主要对电动机电源和摄像头电源进行控制,巡检控制主要为巡检机器人在线路上巡检,以及遇到障碍物后跨越障碍的控制。消息响应函数之间可以相互调用,也可以由串口通信线程进行调用。一般情况下,巡检机器人的控制分为手动巡检和自动巡检。在手动巡检下,地面基站给巡检机器人发出指令,串口通信线程接收到指令后,调用相应的控制函数,在运动完成后进行等待,以此来实现手动巡检;在自动巡检下,地面基站发出自动巡检指令,巡检机器人即执行巡检任务,根据传感器的信号做出相应的行走或跨越障碍动作。

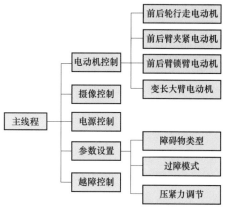

图 8-5　主线程结构图

（2）摄像头自主巡检控制线程。

当机器人在运动时,需要同时控制摄像头运动以实现对线路实时巡检。主线程首先会根据地面基站指令设置巡检模式,如常规巡检、快速巡检、指定杆塔巡检。机器人运动时,运动控制系统根据机器人所处的线路环境自动向两台摄像机发送巡检指令,如杆塔精细巡检、线路巡检、走廊环境巡检等。巡检时首先通过机器人定位算法获取机器人的位置并计算与杆塔上巡检目标的相对空间坐标关系,从而将巡检目标空间坐标映射到摄像头坐标系,计算摄像头偏转角度和焦距,并根据所巡检对象自动实现变焦和对焦等摄像头控制指令,以获得高清巡检图片,实现机器人的自动巡检。图片和视频以巡检对象和日期命名,实现图像的定位,并自动导入巡检后台管理系统,为后期图像的自动分类做准备。

（3）巡检任务规划。

全自主运行的机器人需要根据任务目标、作业对象及自身状态信息来合理规划其工作内容。首先,需要明确作业对象,通过建立的线路信息数据库,包含了线路上的每一基杆塔的塔型、地线金具种类及数量、挡距、高差等越障信息,同样也包含了导线回路数、每相导线横担位置、金具种类及尺寸等巡检信息。然后,根据巡检人员设置的巡检起止位置、巡检模式结合机器人当前状态,包括电源电压、行走轮直径等对机器人能耗和行走轮寿命进行预测,判断是否可以完成巡检任务目标并给出修正。最后,根据线路参数信息和巡检起止杆塔,生成机器人自动运行过障列表及对应的摄像头巡检动作指令表,并进一步分解为机器人动作指令表,完成机器人的自主越障与自主巡检,实现机器人全自主运行。

（4）能耗预测线程。

在机器人任务规划和机器人在线路上运行的实时状态判断时,需要对机器人未来所需能耗及机器人在当前状态下可续航里程及时间进行预测。根据机器人能耗预测算法,首先建立机器人能耗计算模型,根据任务规划系统生成的机器人过障列表对机器人完成巡检目标所需能耗进行计算。其次,根据机器人锂电池放电曲线得到的基于机器人当前电压和电流的放电量估计。通过对以上两者的比较,得出当前巡检任务是否合理的判断。在不能完成预定巡检目标时,通过任务规划系统对其进行重新规划,保证机器人完成巡检工作并停留在预设位置。

（5）多线程协调。

开设传感器检测线程是为了使机器人在运行的过程中，同时检测传感器的信号，因此该线程必然会随着主线程一起运行。在处理多线程操作系统时，会存在多个线程试图访问同一资源的情况，为了保证获得稳定的结果，必须使用同步来协调各个线程的活动。例如，在传感器检测线程中，正在对传感器信号赋值，而主线程又在读传感器信号，两个线程同时访问同一个变量，从而会造成变量的混乱。

在 Windows CE 中，协调线程的活动使用同步对象的方法，包括关键区、互斥体、信号量、事件、互锁函数及点对点的消息队列。本控制程序使用的是事件同步对象方法。

一般情况下，线程具有就绪、阻塞和运行三种基本状态。在本控制程序中，主线程时刻处于就绪状态，传感器检测线程平时处于阻塞状态，在主线程有需要时才运行传感器检测线程，在检测完成后，线程再次进入阻塞状态。

8.3　人机交互平台

人机交互平台包括三大部分：机器人运动交互控制系统、机器人视觉交互控制系统及太阳能充电控制系统，三套系统拥有统一的平台入口，其启动界面如图 8-6 所示。

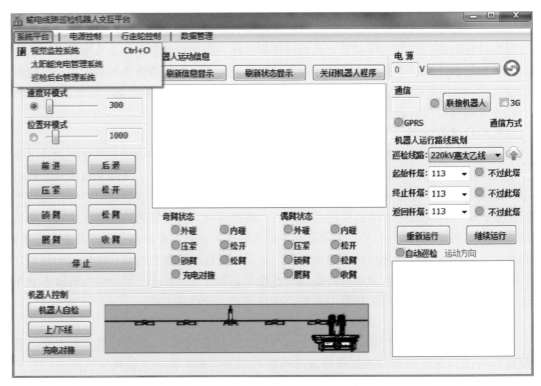

图 8-6　统一的人机交互入口平台

8.3.1　机器人运动交互控制系统

机器人运动交互控制系统操作界面如图 8-7 所示。

图 8－7　机器人运动交互控制系统操作界面

图中第 1 部分为电动机伺服控制单元，分别对机器人的七个电动机进行各种行为控制，所有电动机的运动都由其行为控制单元控制，当电动机运行到限位时，由传感器感知并触发限位控制指令，指导电动机运动，保证机器人的安全性。每个电动机的运动控制包括速度环和位置环控制。

图中第 2 部分为机器人状态监测部分，分为机器人运动信息监测和传感器状态监测两部分。运动信息监测窗口实时返回机器人当前巡检的线路杆塔编号、行驶距离、执行的动作、运行的电动机、电池电压及输出电流、CPU 和两个行走电动机的温度等信息。传感器监测部分用来显示机器人上各个传感器信号，当机器人上的传感器信号有跳变时，该部分会实时进行刷新传感器状态，也可以通过单击"刷新状态显示"按钮来查询机器人上所有传感器的状态，查询结果将在第 4 部分实时显示，采用"指示灯"点亮的显示方式。

图中第 3 部分为机器人在线上自主过障设置单元。当需要机器人对某段线路进行自主巡检时，输入该段线路的起始杆塔号和终点杆塔号，单击"重新运行"或"继续运行"按钮，在弹出的"系统操作提示"对话框中单击"确定"按钮后，机器人将根据设定参数开始自主巡检，在此过程中机器人会自主穿越线路上的各种障碍物，无须人工干预。

图中第 4 部分是机器人特殊控制模块，分为机器人自检、上/下线准备和充电对接三个部分，机器人在运行之前，先要单击"机器人自检"按钮对所有的电动机和传感器进行检查，在机器人的自检过程中，如果发现电动机或传感器发生故障，可以单击电动机伺服控制模块中的"停止"按钮中止自检。在机器人上线运行之前和完成巡线任务准备下线时，单击"上/下线"按钮将机器人调整到上/下线的吊装姿态，以方便操作人员吊装机器人。在机器人巡线过程中，当机器人行驶至安装有太阳能充电基站的杆塔时，单击"充电对接"按钮，机器人即会完全自主地与充电基站对接充电。

8.3.2 机器人视觉交互控制系统

机器人视觉交互控制系统操作界面如图 8-8 所示。

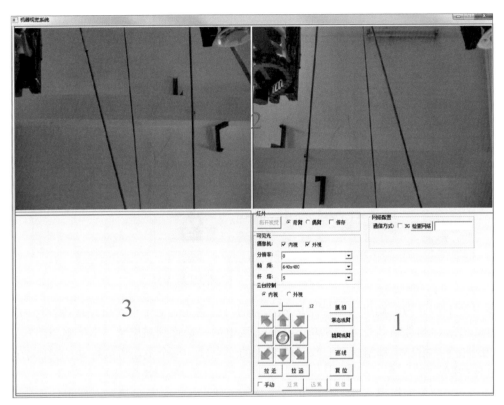

图 8-8 机器人视觉交互控制系统操作界面

图中第 1 部分为视觉系统控制台区域,包括机器人本体 IP 设置功能;基站保存视频信息功能和停止保存功能,视频存储格式采用 AVI 格式;系统操作完成机器人视觉控制系统的复位和关闭功能,传输视频和停止传输功能,主机开始和停止保存视频信息功能,打开和关闭机器人本体视频显示功能。联机用来完成地面基站与远程机器人的网络连接,应用程序启动后,系统将自动连接,成功后自动显示连接状态,并在显示窗口自动显示传输过来的视频信息;云台控制部分主要完成两个带云台摄像机的姿态调整,根据需要可以实现不同速度的调整节奏;抓拍主要实现在巡检中的特定情景进行局部特写和抓拍,图像采用 1080P 格式存储,"巡线"功能用于完成机器人在行走过程中自动调整到巡线姿态。

图中第 2 部分为云台摄像头视频信息实时显示窗口,该部分将机器人摄像头信息实时显示,用来完成巡检任务和监视机器人运动。

图中第 3 部分为红外摄像头视频实时显示窗口,该部件将红外摄像头巡检数据实时显示,并标记图像上各点的温度值。

8.3.3 太阳能充电控制系统

机器人太阳能充电控制系统操作界面如图 8-9 所示。

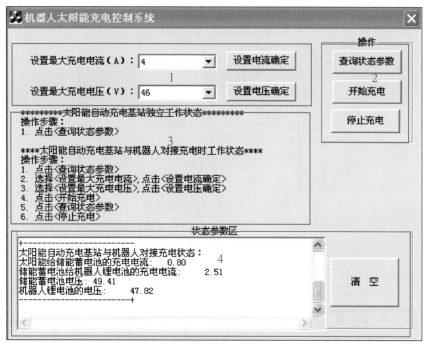

图8-9　太阳能充电控制系统操作界面

图中第1部分为太阳能充电控制系统中充电电流与充电电压的设置功能；第2部分为太阳能充电控制系统的控制功能区，用来实现系统的实时状态参数查询，开启和停止太阳能储能蓄电池为机器人锂电池充电功能；第3部分为系统的操作使用说明，显示用户操作的流程；第4部分为状态参数的信息反馈区域。

8.4　巡检数据分析管理系统

8.4.1　系统结构

机器人巡检的高压输电线路结果主要为可见光图片、红外图片及激光扫描数据，文件既可通过4G公网或以太网传输，又可通过携带的存储卡导入地面基站或后台服务器，且图片文件按一定的规则命名对应输电线路特定位置。图8-10所示为图片提取诊断流程，存储在服务器中的图片文件，通过后台分析管理软件对文件名的识别，自动导入后台系统的可见光图像库、红外图像库及激光数据库，并与巡检线路数据库建立关联。图8-11所示为后台诊断管理系统的基本体系结构，其中可见光、红外和导线动态数据库分别对当前和历史图像或数据进行管理，结果库是对当前巡检和历史巡检的故障图像及其诊断结果进行管理，线路数据库是对线路的机械电气参数的明细管理，数据库中的各类可见光和红外图像与线路数据库建立关联模型，通过关联引擎对图像或线路库的搜索，分别可以将图像定位到线路或将线路定位到图像。可见光和分析诊断具有人工操作分析和系统自动分析两种模式。巡检作业管理是对机器人巡检日期、地点等进行管理，以及机器人巡检时地线相对导线弧垂等数据进行管理。

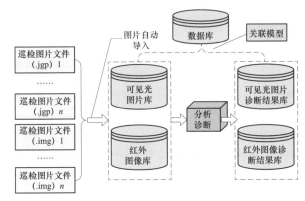

图 8-10　图片提取诊断流程

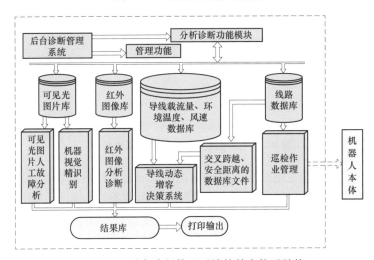

图 8-11　后台诊断管理系统的基本体系结构

8.4.2　系统设计

1. 数据库设计

（1）主要数据表及字段设计。

按照关系数据库的规范化设计方法，首先应将 ER 模型向关系数据模型转换，得到初步的数据模型，然后进行数据模型优化，得到最终的数据模型。在对系统的功能分析和 ER 模型分析后，得到 24 个数据基本表，另外又专门设计 2 个数据库管理表，方便对数据库的管理，下面列举主要的数据表。

（2）基本表。

1）线路（线路编号、线路名称、回数、电压、容量、线路总长、导线类型、地线类型、起始杆塔、终止杆塔等）。

2）杆塔（线路编号、杆塔编号、线路名称、杆塔类型、呼高、所属耐张挡距及代表挡距等）。

3）红外/可见光/激光图片（图片名称、线路编号、杆塔编号、对象编号、线路名称、对象名、环境温度、最高温度、正常温度、空间距离等）。

4）知识库（对象编号、对象名称、种类、下限、上限及结果等）。

（3）管理表。

1）表管理（表序号、英文名称及中文名称）。

2）字段管理（字段序号、英文名称、中文名称及表序号）。

（4）关联模型。

图 8-11 中各模块之间需要建立相关的关联模型来保证映射关系，关系数据库一般可采用外键来实现，图 8-12 为图片表与线路表、杆塔表、对象表及结果表之间的关系，这样在对数据进行修改和提取时能确保数据的一致性。

2. 软件设计

（1）系统功能模块设计。

巡检班组下达巡检任务工作票并操作巡检机器人对目标线段进行巡检。巡检任务完成后，操作员整理后台管理系统中红外图像库（可扩展）、可见光图像库和视频信息库。可见光图像和视频可直接被选择查看，判断对象的外观缺陷、安全通道等；对红外图像（可扩展）则用系统集成的红外图像分析模块提取其温度等信息，采用相对温差法和与红外故障样本库图谱对比判断其发热缺陷。诊断结果和检修建议记录于诊断结果库，用于生成检核报表，以指导线路维护人员后期检修。系统操作流程如图 8-13 所示。

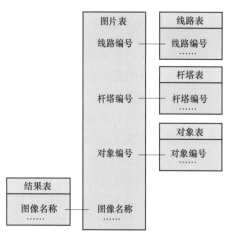

图 8-12 关联模型

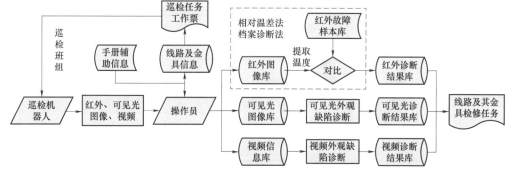

图 8-13 系统操作流程图

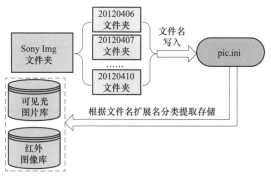

图 8-14 图片自动导入流程

（2）图片自动导入。

图 8-14 为图片自动导入流程，后台服务器中的所有图片文件存储在 SonyImg 文件夹中，拍摄图片时该文件夹会自动生成以日期命名的子文件夹，拍摄的图片根据日期存储在相应的子文件夹中，软件运行时将所有图片的文件名（包括扩展名）写入 pic.ini 文件中，然后根据文件名扩展名（可见光图片为.jpg，红外图像为.img）将图片分类提取存储到关系数据库中的相关库中，这样就实现了图片的自动导入。

当 SonyImg 文件夹中的图片文件更新时，会通过语言编程来避免提取原来已经导入数据库的文件名，这样既提高了导入效率也避免了已经诊断了的图片的重新导入。

8.4.3 系统实现

系统开发平台采用 PowerBuilder，PowerBuilder 具备强大的开发技术和对事务的支持、采用面向对象编程思想、强大的 Web 及分布式开发能力。具体算法的实现采用 VC2008 来实现，VC2008 可以调用 OpenCV 等类库，直接对图像进行相关处理，具有强大的计算功能。根据系统所具有的功能得出系统数据库的主要内容，目前 Windows 平台下的关系数据库管理系统主要有 SQL Server 和 Oracle。Oracle 成本比较高，主要适合于大型数据库的应用，本系统选用 SQL Server 2005，既可以满足使用的需要且费用适中，同时操作方便，且由于其由微软独立开发，因而对广为采用的 Windows 操作系统的各个版本都具有良好的操作性，而且与本软件开发工具 PowerBuilder 具有很好的数据库接口。

系统搭建完成后需要实现相关功能，下面列举几个主要功能。

（1）基本数据管理：包括用户管理（用户密码、权限的管理）、单位管理、设备管理、线路明细管理（多条线路录入、删除与修改等）、杆塔信息管理（杆塔类型、金具类型）。

（2）巡检管理：系统要能对巡检操作进行管理，并能自动生成巡检操作票。巡检管理包括对巡检的红外图像（可扩展）和可见光图像的文件管理，可见光图像存储、查询及修改，红外图像存储（可扩展）及修改，巡检报表统计及保存等。

系统主要功能实现界面如图 8-15～图 8-20 所示。

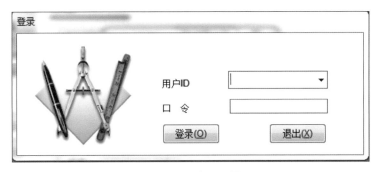

图 8-15 系统登录界面

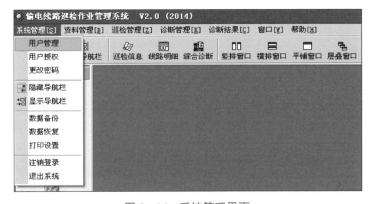

图 8-16 系统管理界面

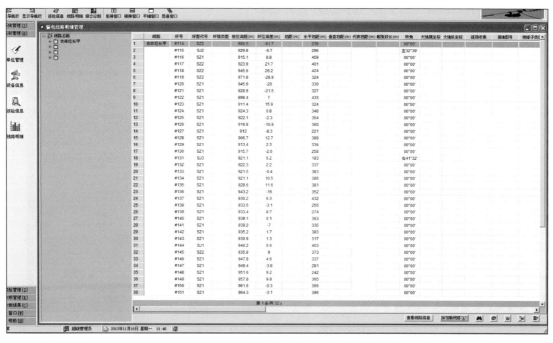

图 8-17　杆塔明细管理界面

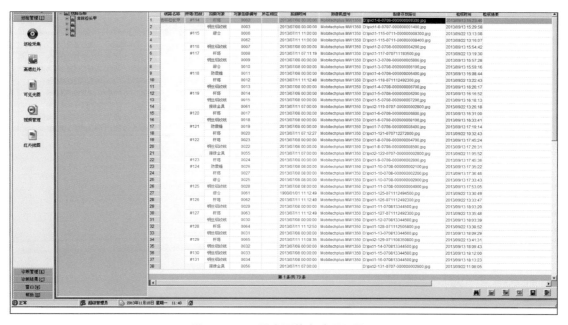

图 8-18　可见光图片自动导入界面

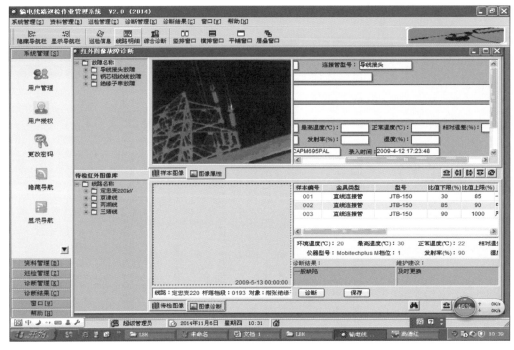

图 8-19　故障图像标记处理界面

图 8-20　故障图像管理界面

第9章 架空输电线路机器人性能检测

9.1 检 测 目 的

（1）研究制定输电线路巡检机器人的环境适应性测试方法及其相应的性能指标体系。

（2）检验测试获取输电线路巡检机器人被试品的环境适应性的性能指标，为巡检机器人工程应用及其电力行业标准的制定提供依据。

9.2 检 测 对 象

输电线路机器人性能检测的检测对象包括输电线路机器人本体和机器人地面基站，基础参数信息如表9-1所示，结构及外形图片如图9-1～图9-3所示。

表9-1 检 测 对 象 组 成

序号	名称	型号	数量	编号	外形尺寸/mm	质量/kg	备注
1	输电线路机器人	穿越型	1	01	如图9-1所示	53kg（含摄像头4.1×2）	含两台多自由度可见光云台
2	机器人地面基站	穿越型	1	02	499×397×242	26.2	—

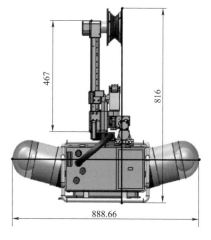

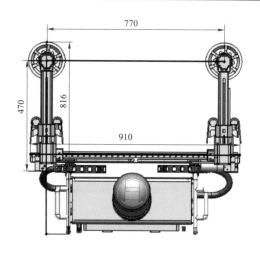

图9-1 机器人安装结构示意图

图 9-2　巡检机器人本体

图 9-3　地面基站

9.3　检测项目与方案

按相关国家标准与行业标准、输电线路巡检机器人机械与电气特性，编制了《输电线路巡检机器人检测试验大纲》。机器人检验测试依照《输电线路巡检机器人检测试验大纲》执行，其测试流程如图 9-4 所示。

巡检机器人经过第三方检验测试，对其基本的可靠性和在线路环境的适应性做了完整的检测，测试试验内容包括巡检机器人本体及地面基站电磁兼容性能试验、巡检机器人本体及地面基站的气候环境防护性能试验、巡检机器人本体风载试验、巡检机器人本体淋雨试验、巡检机器人本体及地面基站整机振动（扫频）试验、巡检机器人本体及地面基站运输振动试验，试验项目如表 9-2 所示。

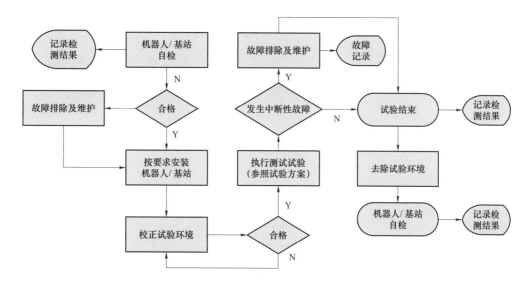

图 9-4　测试流程图

表 9-2　　　　　　　　　　　　　机器人可靠性检测项目

序号	试验项目名称		试验条件
1	电磁兼容性能试验	静电放电抗扰度试验（本体、基站）	接触放电：试验电压：8kV； 正负极性放电各 10 次，每次放电间隔至少 1s
		射频电磁场辐射抗扰度试验 （1. 本体、基站同步测试； 2. 本体、基站分离测试）	频率范围：80～1000MHz； 试验场强：10V/m
		脉冲磁场抗扰度试验 （1. 本体、基站同步测试； 2. 本体、基站分离测试）	磁场强度：1000A/m
		工频磁场抗扰度试验 （1. 本体、基站同步测试； 2. 本体、基站分离测试）	磁场强度：100A/m、1000A/m
2	气候（环境）防护性能试验	低温试验（本体、基站同步测试）	试验温度：−10℃/−25℃ 试验时间：持续时间 3～6h 温度变化率：1～3℃/min
		高温试验（本体、基站同步测试）	试验温度：+50℃/+60℃ 试验时间：持续时间 6h 温度变化率：1～3℃/min
3	风载试验（本体）		试验风量：5 级/8 级/10 级 试验时间：各级风量持续 2～4min 试验风向：正侧风
4	淋雨试验（本体）		防水等级：IPX3（防雨）10L/min、IPX5（防喷）12.5L/min 持续时间：30min/10min
5	运输振动（本体、基站同步测试）		三轴，每轴 1h
	整机振动（扫频）试验（本体）		三轴：频率范围：10～55Hz 峰值加速度：10m/s² 扫频循环次数：5 次 危险频率持续时间：0min±0.5min

9.3.1 电磁兼容性能试验

1. 静电放电抗扰度试验

（1）试验条件。

1）接触放电。

2）试验电压 8kV。

3）正负极性放电各 10 次，每次放电间隔至少 1s。

（2）试验方法。

按照《输电线路巡检机器人检测试验大纲》、《电磁兼容 试验和测量技术 静电放电抗扰度试验》（GB/T 17626.2—2006）中的相关规定，在条件（1）下进行试验。

（3）试验步骤。

测试点选择如图 9-5 所示，机器人本体放电测试点的选择如下，均压环、控制箱上表壳、开关按钮附近；输电线路巡检机器人地面基站测试点选择如下，外表壳上部、外表壳侧部、内表壳开关按钮处。具体测试步骤如下。

1）放置机器人本体、地面基站于试验台后，检测机器人和地面基站外表面和功能、性能指标。

2）依据机器人本体和地面基站结构选定测试点，并安装放电头。

3）依照测试要求，测试电压值按 8kV，正、负极性依序执行各 10 次接触放电，每次至少间隔 1s，在放电过程中线路巡检机器人处于开机状态并执行自检方案。

4）试验结束后再按自检方案，检查机器人外表面和功能、性能指标。

5）若试验过程中出现机器人本体或地面基站故障，按故障处理方案执行。

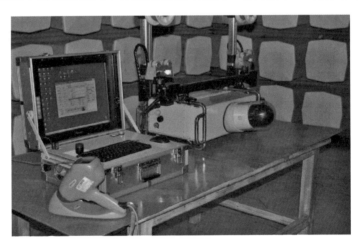

图 9-5 静电放电抗扰度试验布置图

2. 射频电磁场辐射抗扰度试验

（1）试验条件。

1）频率范围：80～1000MHz。

2）试验场强：10V/m。

（2）试验方法。

按照《输电线路巡检机器人检测试验大纲》、《电磁兼容 试验和测量技术 射频电磁场辐射抗扰度试验》（GB/T 17626.3—2006）中的相关规定，在条件（1）下进行试验。

（3）试验步骤。

1）被测设备与发射天线的距离优先采用 3m，该距离是指被测设备表面到双锥天线的中心或对数周期天线顶端的距离。

2）机器人等设备应放在一个 0.8m 高的绝缘试验桌上，落地式设备应放在参考地平面上面 0.1m 高的绝缘支架上。

3）机器人在实际工作状态下运行，即机器人本体与地面基站置于试验台面，按自检方案运行线路巡检机器人，检测机器人和地面基站外表面和功能、性能指标。同时采用网线与机器人本体连接，另一端与屏蔽室外监控计算机连接，进行图像传输和机器人运行状态观察。

4）用 1kHz 正弦波对射频信号进行 80% 的幅度调制后，在选定的频率范围内进行扫频测试，在每个频点上，调制后的射频信号扫描的驻留时间不应小于被测设备动作响应所需要的时间，而且不得短于 0.5s。对敏感点则应个别考虑。

5）在试验过程中按自检方案运行线路巡检机器人，观测线路巡检机器人各项功能是否正常。若试验过程中出现机器人本体或地面基站故障，按故障处理方案执行。

6）试验结束后再按自检方案运行线路巡检机器人，检查机器人外表面和功能、性能指标。

射频电磁场辐射抗扰度试验布置图如图 9-6 所示。

图 9-6 射频电磁场辐射抗扰度试验布置图

3. 脉冲磁场抗扰度试验

（1）试验条件。

磁场强度：1000A/m。

（2）试验方法。

按照《输电线路巡检机器人检测试验大纲》、《电磁兼容 试验和测量技术 脉冲磁场抗扰度试验》（GB/T 17626.9—2011）中的相关规定，在条件（1）下进行试验。

（3）试验步骤。

机器人及地面基站在脉冲磁场抗扰度试验中的布置如图 9-7 所示。

1）机器人本体测试试验。

a. 放置机器人本体于试验台后，依据机器人本体和地面基站结构和台式布置方式，布置好试验台，对实验室参考条件进行校验。

b. 按自检方案运行线路巡检机器人，检测机器人和地面基站外表面和功能指标。

c. 依照测试要求，按测试磁场强度1000A/m，分别进行五次正极性脉冲和五次负极性脉冲试验，脉冲间隔不少于 10s，在试验过程中按自检方案运行线路巡检机器人，观测线路巡检机器人各项功能是否正常。

d. 试验结束后再按自检方案运行线路巡检机器人，检查外表面和功能。

e. 若实验过程中出现机器人本体故障，按故障处理方案执行。

脉冲磁场抗扰度试验布置图如图9-7所示。

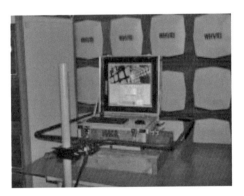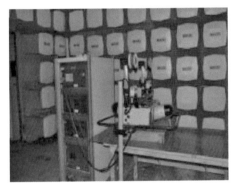

图9-7 脉冲磁场抗扰度试验布置图

2）机器人地面基站试验。

a. 放置地面基站于试验台后，依据机器人本体结构采用台式布置方式，布置好试验台，对实验室参考条件进行校验。

b. 按自检方案运行线路巡检机器人，检测机器人外表面和功能指标。

c. 依照测试要求，按测试磁场强度1000A/m，分别进行五次正极性脉冲和五次负极性脉冲试验，脉冲间隔不少于 10s，在试验过程中按自检方案运行线路巡检机器人，观测线路巡检机器人各项功能是否正常。

d. 试验结束后再按自检方案运行线路巡检机器人，检查外表面和功能。

e. 若试验过程中出现地面基站故障按故障处理方案执行。

4. 工频磁场抗扰度试验

（1）试验条件。

磁场强度：100A/m、1000A/m（短时 3s）。

（2）试验方法。

按照《输电线路巡检机器人检测试验大纲》、《电磁兼容 试验和测量技术 工频磁场抗扰度试验》（GB/T 17626.8—2006）中的相关规定，在条件（1）下进行试验。

（3）试验步骤。

机器人及地面基站在工频磁场抗扰度试验中的布置如图9-8所示。

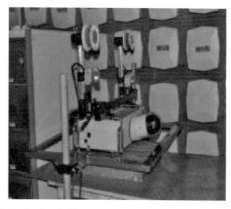

图 9-8　工频磁场抗扰度试验布置图

1）机器人本体测试试验。

a. 放置机器人本体、地面基站于试验台后，依据机器人本体和地面基站结构和台式布置方式，布置好试验台，对实验室参考条件进行校验。

b. 按自检方案运行线路巡检机器人，检测机器人和地面基站外表面和功能、性能指标。

c. 依照测试要求，按测试磁场强度 100A/m、1000A/m（短时），依次采用浸入法对试品进行试验。在试验过程中按自检方案运行线路巡检机器人，观测线路巡检机器人各项功能是否正常。

d. 若试验过程中出现机器人本体或地面基站故障，按故障处理方案执行。

e. 试验结束后再按自检方案运行线路巡检机器人，检查机器人进行外表面和功能、性能指标。

2）地面基站测试试验。

a. 放置机器人本体、地面基站于试验台后，依据机器人本体和地面基站结构和台式布置方式，布置好试验台，对实验室参考条件进行校验。

b. 按自检方案运行线路巡检机器人，检测机器人和地面基站外表面和功能、性能指标。

c. 依照测试要求，按测试磁场强度 100A/m、1000A/m（短时），依次采用浸入法对试品进行试验。在试验过程中按自检方案运行线路巡检机器人，观测线路巡检机器人各项功能是否正常。

d. 若试验过程中出现机器人本体或地面基站故障，按故障处理方案执行。

e. 试验结束后再按自检方案运行线路巡检机器人，检查机器人外表面和功能、性能指标。

9.3.2　气候（环境）防护性能试验

巡检机器人本体的气候（环境）防护性能试验包括高低温试验、风载试验。巡检机器人及配套设备在进行气候（环境）防护性能试验时，需安装在测试支架上，支架结构及安装图如图 9-9所示。

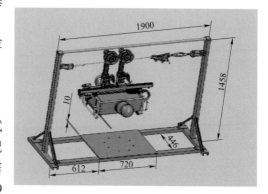

图 9-9　气候环境试验机器人安装图

进行测试时，线路巡检机器人为被测设备；地面基站为机器人状态参量检测设备，同时地面基站也在试验环境中同步接受测试。

1. 低温试验

（1）试验条件。

1）试验温度：－10℃/－25℃。

2）试验时间：持续时间 3～6h（以机器人最长工作时间为准）。

3）温度变化率：1～3℃/min。

（2）试验方法。

按照《输电线路巡检机器人检测试验大纲》、《电工电子产品环境试验 第 2 部分：试验方法 试验 A：低温》（GB/T 2423.1—2008）中的相关规定，在条件（1）下进行试验。

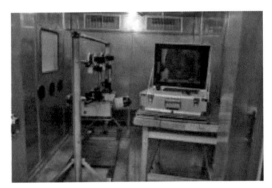

图9-10 气候环境试验机器人系统测试图

试验布置与要求：机器人应放置于模拟线路支架上，在试验开始前机器人应处于展臂状态，压紧轮并置于最右端，如图9-10所示。试验开始前应完成 2h 低温保温工作，试验结束后应完成 1～2h 常温保温工作。

（3）试验步骤。

1）机器人与地面基站试验前检查，应将机器人与地面基站安放在工作台式上。按自检方案运行线路机器人，检测机器人和地面基站外表面和功能指标。

2）试验前检查完毕后，关闭机器人本体与地面基站。待机器人本体达到试验环境温度后（静置于实验环境 2h），依照测试要求，在机器人本体与地面基站达到－10℃/－25℃时低温启动，按自检方案运行线路巡检机器人，检测机器人和地面基站外表面和功能指标。

3）机器人低温启动后须连续工作 3～6h（以机器人最长工作时间为准），在试验过程中观测线路巡检机器人各项功能是否正常，若试验过程中出现机器人本体或地面基站故障，按故障处理方案处理。

4）试验结束后经常温保温 1～2h，再按自检方案运行线路巡检机器人，检查机器人外表面和功能指标。

注意：在试验过程中允许在试验环境外使用计算机（通过有线或无线）对机器人图像传输进行监控。

2. 高温试验

（1）试验条件。

1）试验温度：＋50℃/＋60℃。

2）试验时间：持续时间 6h。

3）温度变化率：1～3℃/min。

（2）试验方法。

按照《输电线路巡检机器人检测试验大纲》、《电工电子产品环境试验 第 2 部分：试验方法 试验 B：高温》（GB/T 2423.2—2008）中的相关规定，在条件（1）下进行试验。

试验设备布置要求：机器人应放置于模拟线路支架上，在试验开始前机器人应处于展臂状态，压紧轮并置于最右端，如图 9-10 所示。试验开始前应完成 2h 高温保温工作，试验结束后应完成 1～2h 常温保温工作。

（3）试验步骤。

1）50℃高温环境试验。

a. 机器人与地面基站试验前检查，应将机器人与地面基站安放在工作台上。按自检方案运行线路机器人，检测机器人和地面基站外表面和功能指标。

b. 试验前检查完毕后，关闭机器人本体与地面基站。设定环境温度为+50℃，待机器人本体与地面基站达到试验设定温度后（静置于实验环境 1～2h），依照测试要求，在机器人本体与地面基站达到+50℃时高温启动，按自检方案运行线路巡检机器人，检测机器人和地面基站外表面和功能指标。

c. 机器人高温启动后，环境温度升高至+50℃须连续工作 6h，在试验过程中观测线路巡检机器人各项功能是否正常，若试验过程中出现机器人本体或地面基站故障，按故障处理方案执行。

d. 试验结束后再按自检方案运行线路巡检机器人，检测机器人外表面和功能指标。

2）60℃高温环境试验。

a. 机器人与地面基站试验前检查，应将机器人与地面基站安放在工作台式上。按自检方案运行线路巡检机器人，检测机器人和地面基站外表面和功能指标。

b. 试验前检查完毕后，关闭机器人本体与地面基站。设定环境温度为+60℃，待机器人本体达到试验设定温度后（静置于实验环境 1～2h），依照测试要求，在机器人本体达到+60℃时高温启动（地面基站置于常温环境中），按自检方案运行线路巡检机器人，检测机器人和地面基站外表面和功能指标。

c. 机器人高温启动后，环境温度升高至+60℃须工作 6h，在+60℃高温环境下允许机器人进行高温自保护（机箱内部温度达到 70℃后进入低功耗模式，内部降温后自动恢复为正常工作模式），在试验过程中观测线路巡检机器人各项功能是否正常，若试验过程中出现机器人本体或地面基站故障，按故障处理方案执行。

d. 试验结束后再按自检方案运行线路巡检机器人，检测机器人外表面和功能指标。

注意：试验过程中允许采用笔记本电脑等设备进行辅助功能（通信功能、图像传输）检查，其中笔记本电脑可采用有线或无线方式与机器人本体进行通信。

9.3.3 风载试验

（1）试验条件。

1）试验风量：5 级/8 级/10 级。

2）试验时间：各级风量持续时间 2～4min。

3）试验风向：正侧风。

（2）实验方法。

按照《输电线路巡检机器人检测试验大纲》、《输电线路状态监测装置通用技术规范》中的相关规定，在条件（1）下进行试验。

（3）试验步骤。

1）放置机器人本体于安装支架。按自检方案运行线路巡检机器人，检测机器人外表面和功能指标。

2）待机器人与风载试验设备时间同步后，开始风载试验。

3）依照测试要求，按测试测风量分别在 5 级、8 级、10 级三挡位保持 2～4min。在试验过程中按自检方案运行线路巡检机器人观测线路巡检机器人各项功能是否正常。

4）若试验过程中出现机器人本体或地面基站故障，按故障处理方案执行。

5）试验结束后再按自检方案运行线路巡检机器人，检测机器人外表面和功能指标。

风载试验布置图如图 9－11 所示。

9.3.4 淋雨试验

（1）试验条件。

1）防水等级：IPX3（防雨）10L/min、IPX5（防喷）12.5L/min。

2）持续时间：30min/10min。

（2）试验方法。

按照《输电线路巡检机器人检测试验大纲》、《外壳防护等级（IP 代码）》（GB 4208—2017）中的相关规定，在条件（1）下进行试验。

机器人淋雨试验安装图如图 9－12 所示。

图 9－11　风载试验布置图　　　　图 9－12　机器人淋雨试验安装图

（3）试验步骤。

1）放置机器人本体于安装支架。按运动方案运行线路巡检机器人，检测机器人外表面和功能指标。

2）待机器人试验前检查完毕后，机器人执行运动方案 C5，开始淋雨试验。

3）依照测试要求，按测试测雨量保持在 IPX3/IPX5。在试验过程中观测线路巡检机器人各项功能是否正常。

4）若试验过程中出现机器人本体或地面基站故障，按故障处理方案执行。

5）试验结束后再按运动方案运行线路巡检机器人进行外表面和功能指标检测。

9.3.5 整机振动试验

（1）试验条件。

1）频率范围：10～55Hz。

2）峰值加速度：10m/s²。

3）扫频循环次数：五次。

4）试验方向为三轴。

5）危险频率持续时间：10min±0.5min。

（2）试验方法。

按照《输电线路巡检机器人检测试验大纲》、《电工电子产品环境试验 第 2 部分：试验方法 试验 Fc 和导则：振动（正弦）》（GB/T 2423.10—2008）中的相关规定，在条件（1）下进行试验。

整机振动试验布置如图 9－13 和图 9－14 所示。

图 9－13　整机振动本体 *X/Z* 轴（扫频）试验　　图 9－14　整机振动本体 *Y* 轴（扫频）试验

（3）试验步骤。

1）按运动方案运行线路巡检机器人，检测机器人外表面和功能指标。

2）待机器人试验前检查完毕后，使机器人处于关机状态。

3）将机器人本体（不含摄像头）安装在振动台上，依照测试要求按轴向依次进行正弦扫频振动试验：每个轴向先进行正弦扫频试验，在正弦扫频振动期间进行振动响应检查，振动响应测试点置于机器人本体横梁的合适位置，根据检查出的危险频率，在近固定频率范围扫描进行危险频率振动（不含 *X* 轴）。

4）每轴向扫频及危险频率振动结束后，再按运动方案运行线路巡检机器人，检测外表面和功能指标。

5）若试验过程中出现机器人本体或地面基站故障，按故障处理方案执行。

注意：*X* 轴向只进行一次完整扫频。

9.3.6　运输振动试验

（1）试验条件。

1）轴向：三轴。

2）其他条件及要求参见《输电线路巡检机器人检测试验大纲》。

（2）试验方法。

机器人本体（不安装摄像头、电池）/地面基站（不安装电池）分别包装，按《军用装备

实验室环境试验　振动试验》（GJB 150.16A—2009）中第一类基本运输中的公路运输环境规定对包装好的机器人本体、基站分别进行试验。试验完成后，检测装置应能正常工作。

（3）试验步骤。

1）按运动方案运行线路巡检机器人，检测机器人外表面和功能指标。

2）待机器人试验前检查完毕后，放置机器人本体/地面基站于包装箱内。

3）依照测试要求，按测试要求进行运输振动试验，经过 1h 的试验时间后。在试验过程中观测线路巡检机器人处于不通电状态。

4）模拟结束后再按运动方案运行线路巡检机器人，检测外表面和功能指标。

5）若试验结束后出现机器人本体或地面基站故障，按故障处理方案执行。

运输振动试验如图 9－15 和图 9－16 所示。

图 9－15　运输振动（本体/基站）*Y* 轴试验

图 9－16　运输振动（本体/基站）*X/Z* 轴试验

9.4　检测结果与评价

9.4.1　检测评价方法

巡检机器人检验测试评价包含外观检查与功能检查两部分，外观检查通过目视观察进行被试品的外观检查，外观检测框图如图 9－17 所示。

图 9-17 外观检测框图

机器人试验检测框图如图 9-18 所示。在本次试验中测试的功能、性能数据，通过输电线路巡检机器人地面基站作为检测仪，经测试人员结合机器人实际工作情况（本体实时运行情况、本体数据库）与地面基站给出的数据（基站数据库）判定"正确"，如果"正确"，则判定功能测试结果为"合格"，否则为"不合格"。

在试验过程中需通过地面基站中机器人控制软件选择运动方案，控制界面如图 9-19 所示。

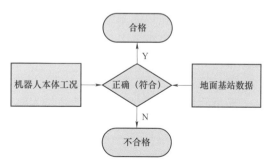

图 9-18 机器人试验检测框图

图 9-19 机器人控制软件界面

注意：进行测试时，线路巡检机器人为被测设备；地面基站为机器人状态参量检测设备，同时地面基站也在试验环境中同步接受测试。

巡检机器人各项功能描述与评价方法如下。

（1）各运动机构工作状态。

检测人员根据当前试验执行运动方案观察机器人的实际工作状态，包括行走轮运动、松锁臂运动、压紧运动、收展臂运动，来判断各运动机构工作状态正确或错误，并将显示结果记录在检测表中。

（2）供电功能。

检测人员根据观察地面基站控制软件检测干路电流、电压等值情况、机器人工作情况来判断电源及供电状态正确或错误，并将显示结果记录在检测表中。在没用报警时判断供电功能是否正常。

（3）机器人通信功能。

检测人员根据地面基站与机器人连接情况来判断网络连接正确或错误，并将显示结果记录在检测表中。当机器人与基站网络中断后，能在 5min 内自动实现网络连接，判断网络连接正常。

（4）机器人检障定位功能。

输电线路巡检机器人地面基站作为测试仪器通过巡检机器人软件测得各传感器工作状态值，检测人员根据观察机器人的实际工作状态来判断其正确或错误，并将显示结果记录在检测表中。

机器人传感器包括奇/偶臂外碰霍尔、奇/偶臂内碰霍尔、奇/偶臂压紧霍尔、奇/偶臂松开霍尔、奇/偶臂松臂霍尔、奇/偶臂锁臂霍尔、收/展臂传感器、奇/偶臂行走轮编码器、倾角传感器。

（5）控制系统功能。

机器人控制器包括运动工控机、视觉工控机、ARM 控制板、驱动器。检测人员根据机器人的工作状态、网络连接状态、软件运行状态和对特定控制器单独指令的测试分析来判断控制器的工作状态正确或错误，并将显示结果记录在检测表中。

当机器人与基站通信正常时，机器人能正确执行基站指令，判断控制系统合格；当网络通信失败，机器人能正常自主运行，判断控制系统合格。

（6）温度监测功能。

检测人员根据观察地面基站控制软件检测机器人行走轮温度、控制箱温度、风扇工作情况、机器人工作情况来判断机器人散热状态正确或错误，并将显示结果记录在检测表中。

（7）图像传输。

检测人员根据观察地面基站图像传输软件运行情况来判断软件运行状态正确或错误，并将显示结果记录在检测表中。图像传输分辨率在 320 像素×240 像素下能稳定传输，无明显卡顿，在执行抓拍功能后在存储设备上能存储的相应照片（抓拍时间应与照片拍摄时间对应），判断图像传输正常。

（8）地面基站功能。

检测人员根据观察地面基站运行情况或某些试验中的使用情况来判断地面基站运行状态正确或错误，并将显示结果记录在检测表中。

9.4.2　检测评价标准

（1）在规定的限值内性能正常。

（2）功能或性能暂时丧失或降低，但在骚扰停止后能自行恢复，不需要操作者干预。

（3）功能或性能暂时丧失或降低，但需要操作者干预。

（4）因设备硬件或软件损坏，或数据丢失而造成不能恢复的功能丧失或性能降低。

满足（1）、（2）、（3）三项判据中的任意一项即为功能合格，只满足判据（4）即为功能不合格。

9.4.3 检测评价结果

机器人可靠性检测评价与结果如表 9－3 所示。根据结果可知，机器人能够满足输电线路的运行环境。

表 9－3　　　　　　　　　　机器人可靠性检测评价与结果

试验项目名称		试验结果	试验前检查	试验中检查	试验后检查	评定
电磁兼容试验	射频试验	试验前后机器人系统及基站运行一切正常	巡检机器人本体及地面基站外观与功能检查合格	巡检机器人本体及地面基站外观与功能检查合格	巡检机器人本体及地面基站外观与功能检查合格	合格
	静电试验	接触放电一切正常。空气放电摄像头异常，调整后再次试验一切正常。基站正常	巡检机器人本体及地面基站外观与功能检查合格	巡检机器人本体及地面基站外观与功能检查合格，其中摄像头监视功能需人工干预	巡检机器人本体及地面基站外观与功能检查合格	合格
	脉冲试验	试验前后机器人系统及基站运行一切正常	巡检机器人本体及地面基站外观与功能检查合格	巡检机器人本体及地面基站外观与功能检查合格	巡检机器人本体及地面基站外观与功能检查合格	合格
	工频试验	试验前后机器人系统及基站运行一切正常	巡检机器人本体及地面基站外观与功能检查合格	巡检机器人本体及地面基站外观与功能检查合格	巡检机器人本体及地面基站外观与功能检查合格	合格
淋雨试验		试验前后机器人系统及基站运行一切正常	巡检机器人本体及地面基站外观与功能检查合格	巡检机器人本体及地面基站外观与功能检查合格	巡检机器人本体及地面基站外观与功能检查合格	合格
运输振动		试验前后机器人系统及基站运行一切正常	巡检机器人本体及地面基站外观与功能检查合格	巡检机器人本体及地面基站外观与功能检查合格	巡检机器人本体及地面基站外观与功能检查合格	合格
扫频振动		对机器人进行三轴扫频（10～50Hz），扫出危险频率后在危险频率上振动10min，Y 轴扫频试验中个别紧固螺钉松脱，做出调整后机器人恢复正常	巡检机器人本体及地面基站外观与功能检查合格	巡检机器人本体及地面基站外观与功能检查合格，其中外观检查在人工干预后合格	巡检机器人本体及地面基站外观与功能检查合格	合格
气候（环境）防护性能试验	低温试验	在保温箱 －10℃保温 2h 后启动，工作 6h，试验前后一切正常	巡检机器人本体及地面基站外观与功能检查合格	巡检机器人本体及地面基站外观与功能检查合格	巡检机器人本体及地面基站外观与功能检查合格	合格
	低温试验	在保温箱 －20℃保温 2h 后启动，工作 6h，试验中网络不稳定，出现断网现象，但可以很快自动恢复，其他正常。试验后一切正常	巡检机器人本体及地面基站外观与功能检查合格	巡检机器人本体及地面基站外观与功能检查合格	巡检机器人本体及地面基站外观与功能检查合格	合格
	高温试验	在保温箱 50℃保温 2h 后启动，工作 6h，试验中网络不稳定，出现断网现象，但可以很快自动恢复，其他正常。试验后一切正常	巡检机器人本体及地面基站外观与功能检查合格	巡检机器人本体及地面基站外观与功能检查合格	巡检机器人本体及地面基站外观与功能检查合格	合格
	高温试验	在保温箱 60℃保温 2h 后启动，工作 6h，试验中没有高温保护，机器人工作一段时间后异常。加入高温保护后，高温断电，低温自启动，机器人工作正常。试验后恢复常温，一切正常	巡检机器人本体及地面基站外观与功能检查合格，带高温保护功能	巡检机器人本体及地面基站外观与功能检查合格，带高温保护功能	巡检机器人本体及地面基站外观与功能检查合格，带高温保护功能	合格

第10章　架空输电线路机器人巡检应用

10.1　机器人巡检系统实用化要求

10.1.1　巡检系统组成及功能要求

架空输电线路巡检系统由机器人、地面监控基站和巡检数据管理系统等部分组成，必要时可配置塔上充电装置、自动上下线装置等。

机器人搭载的检测设备一般包括可见光摄像机、红外热成像仪和激光扫描仪等。检测设备应根据巡检任务要求配备，并可根据巡检任务更换不同的检测设备。

根据机器人越障方式，可分为穿越越障机器人和跨越越障机器人。

机器人可根据不同电压等级线路对其重量和尺寸的要求进行选型。机器人型号可由产品的形式代号、类别代号、标称参数（重量及尺寸）组成。机器人的形式代号一般用 XXJ 表示。例如，类别为跨越式的线路巡检机器人，重量为 80kg、高度为 1100mm 时，型号可表示为 XXJ/K—80×1100。

巡检系统应具备如下功能。

（1）具有自主巡检和遥控巡检模式，可制订巡检计划并对输电线路局部或全线开展自主巡检，采集线路设备及通道环境的可见光图像、红外图像和三维激光点云等数据；或通过遥控巡检，到达线路指定位置对指定目标进行巡检作业。

（2）具备对线路本体及附属设施、通道等不同位置目标进行巡检的功能，巡检过程中按照预先设定的参数调整检测设备方向及视场，对线路本体及附属设施、通道环境进行巡检。

（3）具备测控数据双向传输和实时图像远传功能。

（4）能检测妨碍巡检工作的异常情况并发送告警信号，地面监控基站可接收告警信号。

（5）具备数据分析和管理功能，可查询历次巡检计划、数据记录和报表，可对线路典型缺陷或故障进行分析与诊断。

10.1.2　机器人功能及性能要求

（1）机器人环境适应能力。

能正常工作的环境条件：环境温度为 −25～45℃；环境湿度为 5%～95%；正常工作抗风能力为 10m/s；抵抗大风能力为 20m/s；外壳防护等级为 IP55。

（2）机器人外观结构要求。

机器人表面应有保护涂层或防腐设计，外表应光洁、均匀，不应有伤痕、毛刺等缺陷，标志清晰；机器人外部电气及控制线路应排列整齐、固定牢靠、走向合理，便于安装、维护，并用醒目的颜色和标志加以区分；机器人的重量和尺寸应满足线路安全运行的要求；机器人行走轮应有防护套，避免行走中磨损地线或金具表面的镀锌层。

（3）机器人行驶路径要求。

地线截面面积不小于 50mm^2；地线严重锈蚀线路及覆冰线路，不宜进行机器人巡检作业。

（4）机器人功能要求。

1）运动功能，具有在架空线路地线上行走、越障、爬坡、制动的功能。

2）操控功能，能在地面监控基站的操控下进行运动和巡检工作。

3）定位功能，能按预先设定路线进行自主定位，定位误差不大于±100mm。

4）巡检功能，具体包括：① 可见光检测功能，应配备可见光摄像机，能采集巡检对象的视频信息并实时传输至地面监控基站，具备视频的存储、录播、抓图等功能；② 红外检测功能，宜配备红外热成像仪，能采集巡检对象的温度信息，并将红外视频及温度数据实时传输至地面监控基站，并具备红外热图存储功能，还能从中提取温度信息；③ 三维激光扫描功能，宜配备三维激光扫描仪，能采集线路通道及设备三维激光点云数据，并能将GPS、惯性导航等数据实时传输至地面监控基站，应能存储激光点云数据、GPS及惯性导航数据等。

（5）通信功能。

机器人巡检过程中，在通信范围内能将自身的状态参数和巡检数据传输至地面监控基站，并能接受和执行地面监控基站的控制指令，通信方式应满足信息安全管理要求。

（6）电源管理功能。

机器人巡检作业过程中，应具备电池剩余电量、续航里程的估算和显示功能。

（7）机器人性能要求。

1）运动性能：额定行走速度不小于 0.5m/s；滚动爬坡能力不小于 30°；在额定行走速度下，最大制动距离应不大于 0.3m。

2）云台性能：机器人云台应具有垂直方向和水平方向两个旋转自由度；垂直旋转范围应不小于 90°；水平旋转范围应不小于 300°。

3）传感器性能：① 可见光检测设备应满足《视频安防监控系统技术要求》(GA/T 367—2001)规定的一级系统探测性能技术指标要求。最小光学变焦 30 倍，视频分辨率应不小于 1280 像素×720 像素，可见光照片分辨率应不低于 1920 像素×1080 像素；② 红外检测设备分辨率应不低于 640 像素×480 像素，其他要求应满足《工业检测型红外热像仪》(GB/T 19870—2005)的规定；③ 激光扫描点云精度与技术指标应符合《地面三维激光扫描作业技术规程》(CH/Z 3017—2005)中第三等及以上的规定。

4）电磁兼容性能：① 静电放电抗扰度，进行《电磁兼容 试验和测量技术 静电放电抗扰度试验》(GB/T 17626.2—2006)规定的试验等级为 4 级的静电放电抗扰度试验，试验结果评定 a 级；② 射频电磁场辐射抗扰度，进行《电磁兼容 试验和测量技术 射频电磁场辐射抗扰度试验》(GB/T 17626.3—2016)规定的试验等级为 3 级的射频电磁场辐射抗扰度试验，试验结果评定 a 级；③ 工频磁场抗扰度，进行《电磁兼容 试验和测量技术 工频磁场抗扰度试验》(GB/T 17626.8—2006)规定的试验等级为 5 级的工频磁场抗扰度试验，试验结果评定 a 级；④ 脉冲磁场抗扰度，进行《电磁兼容 试验和测量技术 脉冲磁场抗扰度试验》(GB/T 17626.9—2011)规定的试验等级为 5 级的脉冲磁场抗扰度试验，试验结果评定 a 级。

5）机械性能：① 整机振动，机器人应能承受《电工电子产品环境试验 第2部分：试验方法 试验 Fc：振动（正弦）》（GB/T 2423.10—2008）规定的振动试验，试验后机器人结构及功能正常；② 运输振动，机器人包装后应能承受《包装—运输包装件基本试验 第23部分：随机振动试验方法》（GB/T 4857.23—2012）规定的严酷水平Ⅱ级、试验时间180min的运输振动试验，试验后机器人结构及功能正常。

6）可靠性：① 机器人应能通过72h长时间无故障连续巡检试验；② 机器人一次充电连续巡检时间应不小于8h，在此期间，机器人应稳定可靠工作。

10.1.3 地面监控基站要求

（1）地面监控基站功能要求。

1）通信功能。应具有与机器人通信的功能，作业时能获取机器人的状态信号，监控机器人的状态参数；应具有与自动上下线装置、塔上充电装置等配套设施通信的功能，作业时能获取上述装置的状态信号，监控装置的状态参数。

2）人机交互功能：① 机器人控制，应提供遥控巡检和自主巡检两种巡检控制模式，并能在两种模式之间任意切换。遥控模式可实现对机器人本体、云台、电源、可见光摄像机和红外热成像仪、三维激光扫描仪的控制和操作；自主模式可根据巡检任务规划或临时指定任务，实现对输电线路的自主巡检；② 机器人状态监视，应显示、存储机器人相关信息，包括机器人驱动模块、电源模块信息和所处环境信息等；③ 上下线装置控制，应提供对上下线装置的控制功能，实现对上下线装置上升、下降、速度及制动的控制；④ 上下线装置状态监视，应显示、存储上下线装置相关信息，包括上下线装置驱动模块、电源模块信息等；⑤ 塔上充电装置控制，应提供对塔上充电装置的控制功能，实现对塔上充电装置启动或停止充电、充电电压、充电电流等的控制；⑥ 塔上充电装置状态监视，应显示、存储塔上充电装置的相关信息，包括充电状态、充电电压、充电电流信息等。

3）系统接口功能：① 环境信息接口，应提供与环境信息采集系统的通信接口，可接受环境温度、湿度、雨量、风速等信息；② 远程集控接口，应提供与远程集控后台的通信接口，满足对多个输电线路机器人进行远程集控的通信要求；③ 远程数据访问接口（Web）；应提供远程数据访问接口，可通过网页方式访问系统采集到的巡检数据和信息。

（2）地面监控基站性能要求。

1）通信性能。在无遮挡条件下，与机器人最大通信距离应不小于2500m，工作可靠；在无遮挡条件下，与自动上下线装置、塔上充电装置的最大通信距离应不小于1000m，工作可靠；两台或两台以上地面监控基站在同一区域内工作时，其通信信号应不相互干扰；地面监控基站应能实时、可靠地接收机器人采集的可见光、红外图像等数据并进行处理。

2）机械性能。地面监控基站包装后，应能承受《包装 运输包装件基本试验 第23部分：随机振动试验方法》（GB/T 4857.23—2012）规定的严酷水平Ⅱ级、试验时间180min的运输振动试验。

10.1.4 巡检数据管理系统要求

（1）查询展示功能。

1）巡检数据查询：能存储巡检采集的可见光、红外热图像、激光点云数据及机器人运行日志、人员作业记录等信息，具备数据查询功能。

2）报表及查询：应具备巡检数据的报表生成、保存、打印、输出等功能，可自动编制巡检作业报告，记录巡检作业信息并自动生成及保存机器人巡检记录单。

（2）数据分析功能。

1）可见光诊断：能对采集到的可见光图像进行分析，通过人机交互诊断或智能识别方式，排查输电设备外观结构缺陷及输电通道安全隐患。

2）红外诊断：能对采集到的红外图像图片进行分析，通过人机交互诊断或智能识别方式，在红外图像图片上标注出巡检目标区域，对异常温度进行判别。

3）激光扫描诊断：能对采集到的激光点云数据进行自动分析，识别输电线路设备及通道环境的异常变化，自动测算输电线路导地线间、导线对地、导线对树木或建筑物等交叉跨越距离的参数。

（3）数据交互功能。

可通过 Web 服务等方式与其他系统进行数据互联。

（4）数据存储功能。

数据库应至少保存近三年的历史巡检数据，并具备数据自动备份功能。

10.1.5　自动上下线装置要求

（1）自动上下线功能。

装置额定承载能力应不低于机器人重量，应能可靠地承载机器人，实现机器人从地面至地线和从地线至地面的运转功能。

（2）安全与防护功能。

装置应具有防止装置部件坠落、机器人脱落或碰撞等安全保护功能；宜为可拆卸机构，便于维护、更换及防盗；且能在野外环境下长期存放及工作。

（3）耐腐蚀性能。

装置应具有耐腐蚀性能，应具有《人造气氛腐蚀试验　盐雾试验》（GB/T 10125—2012）规定的中性盐雾试验 96h 耐盐雾能力。

10.1.6　塔上充电装置要求

（1）自动充电功能。

装置能与机器人自动对接并为机器人提供电能补给。

（2）充电管理功能。

装置具备智能充电管理功能，并能与地面监控基站进行数据传输。

10.2　机器人巡检应用技术规范

10.2.1　巡检方式

根据不同的巡检目的，机器人巡检方式分为正常巡检、故障巡检和特殊巡检三种方式：

① 正常巡检，是运行单位根据线路巡检计划，安排机器人对线路进行周期性的巡检工作，

一般对整条线路进行，也可以根据巡检任务和机器人的续航能力分区段进行；② 故障巡检，是线路发生故障或发现异常状况后，根据故障或异常信息，确定重点巡检区段、部位和巡检内容，采用机器人对故障区段巡检，主要是查明线路故障点、故障情况及故障原因，或者对线路缺陷进行跟踪检查；③ 特殊巡检，是在自然灾害等特殊条件下或因特殊原因，安排机器人对线路本体设备和通道进行灾情检查或专项检查等辅助巡检。

特殊巡检一般在以下情况下进行。

（1）线路走廊及周围环境发生自然灾害，如山火、山体滑坡、泥石流等。

（2）线路走廊存在违章施工等外力破坏风险。

（3）交叉跨越或特殊区段需要短期安全监控。

（4）对重要线路执行重要保供电任务。

（5）特殊线路区段现场作业短期需要现场监视或远程视频指导时。

（6）输电线路处于大负荷运行或特殊运行方式时。

根据输电线路巡检范围的不同，机器人巡检方式又分为档内巡检、耐张段巡检和多耐张段或全线巡检三种巡检方式。

巡检机器人应用于绝缘架空地线（一般采用单点接地或分段单点接地方式）时，需对行驶路径进行必要的改造。地线防振锤的改造方法与地线逐塔接地时的改造方法相同，直线塔地线悬垂线夹及地线分段点耐张塔过桥结构改造可分别参照地线逐塔接地时的改造方法。

机器人行驶路径改造方案需设计单位进行设计校核，最终确保线路改造满足机器人安全通行的要求。

10.2.2 巡检作业要求

1. 巡检设备管理要求

（1）投入现场巡检应用的线路机器人巡检系统应通过型式试验和出厂试验。

（2）线路机器人巡检系统及其备品、备件应有专人负责，妥善保管。

（3）机器人应定期进行检查、清洁、润滑、紧固工作，确保设备状态正常；设备电池应定期进行充、放电，确保电池性能良好。

（4）应按照规定的维护周期对机器人巡检系统及其零部件进行维修、保养和更换。

（5）机器人如长时间不用，应定期启动，检查设备状态；如有异常现象，应及时维修。

（6）人工辅助机器人上下线所用作业工器具应根据使用条件和绝缘性能妥善保管，安全工器具应按《电力安全工作规程 电力线路部分》（GB 26859—2011）的规定进行存放和定期检查试验；自动上下线装置、在线充电装置及其附属设施应定期检查维护，确保功能正常。

2. 巡检作业环境要求

（1）机器人巡检作业宜在良好天气下进行。

（2）需要在雾、雪、雨、大风、冰雹等恶劣天气或强电磁干扰条件下巡检时，应针对现场气象和工作条件，组织技术讨论，制定可靠的安全措施。

3. 巡检作业安全要求

（1）作业人员应熟悉机器人待巡检线路的情况，于作业前办理巡检作业手续。

（2）机器人上下线过程中，地面作业人员不应在机器人下方或附近停留；机器人上下线应满足带电作业安全距离要求，符合《送电线路带电作业技术导则》（DL/T 966—2005）及

《同塔多回线路带电作业技术导则》（DL/T 1126—2017）的规定。

（3）机器人上下线应严格按照操作流程及要求进行，实施人工辅助上下线时，应避免机器人高空坠落及发生碰撞；实施自动上下线时，应监控自动上下线装置的工作状态，发现异常时应及时停机检查，不应强行操作。

（4）对存在严重断股或锈蚀等缺陷情况的地线，不应进行机器人巡检作业；巡检线路地线标称截面面积不应小于 $50mm^2$，机器人全重不宜超过 65kg。

（5）对于存在大挡距、大高差的线路区段，作业人员应根据机器人的爬坡能力和续航能力判断是否适合开展巡检作业。

（6）在巡检过程中，机器人与下方导线的电气距离应符合安全距离要求，机器人与地线及金具不应发生冲击碰撞，应采取措施防止机器人损伤地线和发生坠落。

（7）巡检作业前，应预先设置紧急情况下机器人的安全策略；实施机器人遥控巡检时，应严格按要求操作，避免误操作。

（8）架空输电线路机器人巡检作业应满足《电力安全工作规程 电力线路部分》（GB 26859—2011）的规定。

4. 巡检作业前准备

（1）应提前对巡检线路及地线状态进行安全评估，确认地线上是否存在特殊障碍物（如航空警示球、防绕击避雷针等），必要时开展现场勘查，确定能否进行机器人巡检作业；作业前，还应办理巡检作业手续。

（2）作业人员应根据巡检线路长度、杆塔高差、线路环境及巡检要求，估算机器人巡检作业时间和巡检里程，提前编制巡检计划，并根据巡检计划做好任务规划。

（3）巡检线路较长或地理环境复杂时，应评估机器人与地面监控基站的通信状况，提前选定备用地面监控基站的安置地点，编制备用监控基站的安置预案。

（4）机器人出库前，作业人员应仔细检查设备电池电量是否充足，各零部件、工器具及保障设备是否携带齐全，准备好必要的备品、备件，做好出库记录后方可前往作业现场。

（5）机器人上线作业前，作业人员应在地面开展巡检系统自检和操作检查，确保机器人巡检系统各部分功能正常。

5. 巡检任务规划

（1）巡检前，作业人员事先根据巡检计划和任务需求进行巡检任务规划。

（2）任务规划应充分考虑机器人的爬坡能力和杆塔高差，合理规划巡检方向和巡检区段；针对线路最大坡度校核机器人的爬坡能力，提高机器人的巡检效率和续航能力。

（3）机器人巡检任务规划包括巡检区段、巡检内容、操作模式、上下线方式、塔上充电方式、检测设备选择、巡检任务点布设、巡检数据处置等方面的内容，保证机器人能够准确地执行巡检任务。

（4）巡检任务点的布设包括确定检测设备的拍摄地点、拍摄角度、视场范围、拍摄数量等，确保巡检对象处于良好视角，具有足够的清晰度。

（5）根据不同电压等级、单回、同塔多回线路杆塔、绝缘子、导线、地线、金具的外观结构与尺寸、巡检对象数量与安装位置、线路环境等多方面存在的差异，巡检任务点应根据具体的情况确定。

10.2.3 巡检作业流程

架空输电线路机器人巡检作业流程包括巡检线路分析、巡检任务规划、巡检作业申请、机器人出库检查、机器人上线前检查、机器人上线及线上检查、巡检作业、机器人下线、巡检数据导出、机器人检查入库、巡检资料整理等。

1. 机器人上下线

机器人上下线可采用人工辅助方式，也可采用自动上下线装置。

（1）人工辅助上线采用绝缘绳和滑车，由地面人员牵引起吊绝缘绳和控制护绳，将机器人由地面起吊到行驶路径附近，由塔上人员调整和控制机器人姿态，在地面人员的配合下，将机器人安装到行驶路径上。

（2）自动上线采用自动上下线装置，将机器人装入自动上下线装置的吊篮中，作业人员控制卷扬机卷扬吊绳牵引吊篮，吊篮沿导轨从地面上升到与入线导轨对接处，对接后机器人从吊篮沿入线导轨自动进入到行驶路径上。

巡检作业结束后应及时安排机器人下线，机器人下线方法与上线方法类似。

2. 巡检过程

作业人员从地面监控基站发送巡检开始控制指令，机器人开始自主巡检，按任务规划自动执行巡检任务；或从地面监控基站直接操作机器人进行遥控巡检。

巡检过程中，机器人按自主或遥控方式执行巡检任务，并自动向地面监控基站发送状态信息和巡检图像，接收地面监控基站发送的控制指令。

机器人与地面监控基站通信有效时，作业人员应认真观察地面监控基站显示的状态信息和巡检图像，并做好必要的记录。

当机器人与地面监控基站之间不能有效通信时，应检查地面监控基站的运行状态，采用技术手段尝试恢复通信，或将地面控制基站转移到事先设定的备用安置地点。

自主巡检过程中存在下述情形时，宜中断自主巡检，改为遥控巡检。

（1）任务规划遗漏了重要的巡检目标，或临时需要增加新的巡检目标，或任务规划的巡检目标与实际巡检结果不一致。

（2）任务规划的巡检目标检测得到的图像不清晰，不满足巡检质量要求。

（3）需要对巡检目标进行多次巡检和确认。

巡检过程中，机器人通过在线充电装置及时、自动完成电能补给。

当机器人完成或中止自动巡检任务并向地面监控基站发送巡检结束信息，或当遥控巡检任务完成或中止后，巡检作业结束。

3. 异常情况处理

巡检过程中，遇到突发大风、暴雨、沙尘暴等恶劣气象变化时，机器人应立即中止巡检作业，并执行安全保护操作，确保安全。

巡检过程中，当发现前方杆塔倒塌、地线严重断股或断线、地线绝缘子掉串、悬垂线夹断裂、机器人过于靠近下方导线时，或行驶路径倾角与任务规划相差很大时，应立即中止巡检任务，操控机器人返回到最近的杆塔处停止移动，并执行安全保护操作。

巡检过程中，当电池电量不足或设备异常告警时，应立即中止巡检任务，并操控机器人到最近杆塔处停止移动，并执行安全保护操作。

自主巡检时，若地面监控基站与机器人通信中断无法恢复，在预计时间内机器人未到达预计位置，应根据通信中断前最后地理坐标或机载追踪器发送的报文等信息，及时查找定位机器人。

巡检过程中，若发生不可自动恢复的紧急故障导致机器人停留在档中区域，应立即中止作业并上报，根据实际情况妥善处理。

10.3 示范应用情况

架空输电线路巡检机器人示范运行线路共有 12 条，涵盖 110kV、220kV、500kV 三个电压等级，包含单回、双回及四回同塔输电线路，涉及 LGJ、GJ、OPGW 等地线类型，以及不同类型的钢管塔和角钢塔，同时覆盖山地、江河、山谷等不同地形地貌，示范线路具备一定的代表性。各示范应用线路的基本信息如下。

1. 惠州供电局 500kV 惠茅乙线

500kV 惠茅乙线供穿越巡检机器人运行，地线型号为 LGJ – 95/55。上线方式为自主上线，N105 起止塔搭建自动上下线装置，N92 直线塔安装太阳能充电基站，机器人从 N105 耐张塔自动上线，往小号侧运行至 N91 耐张塔，折返运行至 N92 杆塔，自动充电，充电完成后继续向大号侧运行至 N105 杆塔，自动下线。来回运行过程中，要穿越 2 基耐张塔，2 基双联直线塔，24 基单联直线塔，巡检里程为 10.8km。

2. 惠州供电局 220kV 湾荣甲线

220kV 湾荣甲乙线为同塔双回线路，线路巡检机器人在 OPGW 地线上行走，该区段线路全长 15.49km，共 55 基杆塔，有 19 基耐张塔，其中 4 基钢管转角塔，15 基角钢转角塔；36 基直线塔，其中 10 基钢管直线塔，26 基角钢直线塔。

220kV 湾荣甲线供跨越巡检机器人运行，上下线方式为自动上下线，N30 起止塔搭建自动上下线装置，N13、N14、N29、N54 杆塔安装太阳能充电基站。巡检方案：机器人从 N30 杆塔自动上线，往小号侧行驶至 N13 杆塔，行驶里程为 5.6km；N13 杆塔处自动充电后向小号侧行驶至 N01 杆塔，折返向大号侧运行至 N14 塔，行驶里程为 8.8km；N14 基杆塔自动充电后向大号侧行驶至 N29 杆塔，行驶里程为 4.8km；N29 杆塔自动充电后，向大号侧运行至 N54 杆塔，行驶里程为 6km；N54 杆塔自动充电后，向大号侧运行至 N55 杆塔，折返往小号侧运行至 N30 杆塔自动下线，行驶里程为 5.8km。220kV 湾荣甲线机器人全线贯通巡检，巡检总里程为 31km。

3. 东莞供电局 500kV 水莞甲乙线

500kV 水莞甲乙线双地线均为 OPGW，巡检起始杆塔为 N107 杆塔（直线塔），终止杆塔为 N94 杆塔（直线塔），全长 4.2km，共 14 基杆塔，2 基耐张塔，12 基直线塔。两根 OPGW 地线的型号均为 OPGW – 2S 2/36SM（AA/AS 77/36 – 109.7）。

左侧（面向大号侧）为水莞甲线，水莞甲线上方地线供跨越机器人运行；右侧为水莞乙线，水莞乙线上方地线供穿越巡检机器人运行。上线方式为自动上下线，N107 塔搭建自动上下线装置，两侧运行的穿越/跨越机器人共用一套自动上下线装置，运行线路不安装太阳能充电基站。

跨越巡检机器人从 N107 杆塔自动上线至水莞甲线上方的地线，绕过 N107 杆塔塔头，往小号侧运行至 N96 杆塔,不经过 N96 杆塔塔头,返回至 N107 杆塔自动下线。运行中来回跨越 2 基耐张塔,18 基直线塔,巡检里程为 7.6km。

穿越机器人从 N107 杆塔自动上线至水莞乙线上方的地线,绕过 N107 杆塔塔头,往小号侧运行至 N94 杆塔,不经过 N94 杆塔,返回至 N107 杆塔自动下线。运行过程中,来回要穿越 4 基耐张塔,18 基直线塔,巡检里程为 8.3km。

4. 东莞供电局 220kV 横寒甲乙线

220kV 横寒甲乙线杆塔的左侧(面向大号侧)为乙线,右侧为甲线。机器人运行路径从 N21 直线塔到 N44 直线塔,全长 6.8km,共 24 基杆塔,其中 6 基耐张塔,18 基直线塔。N21～N25 杆塔,共 5 基杆塔,1 基耐张塔,4 基直线塔,全长 1.26km,为四回路线路;N26～N44 杆塔,共 19 基杆塔,5 基耐张塔,14 基直线塔,全长 5.54km,为双回路线路,N26 杆塔为分支塔,此处地线有交叉。N21～N26 杆塔横寒甲线上方的地线为 OPGW 光缆,N26～N44 杆塔地线型号为 LGJX-150;N21～N26 杆塔横寒乙线上方的地线型号为 LGJX-150,N26～N44 的地线为 OPGW 光缆。

右侧(面向大号侧)为横寒甲线,横寒甲线上方的地线供跨越巡检机器人运行,左侧为横寒乙线,横寒乙线上方的地线供穿越巡检机器人运行。上线方式为自主上下线,N21、N44 直线塔分别搭建自动上下线装置,N34 杆塔搭建太阳能充电基站,包含一个基站和两个充电头,分别供杆塔两侧运行的跨越和穿越机器人自主充电。穿越和跨越机器人共用一套上下线装置,分别从 N21 杆塔两侧上线,绕过 N21 杆塔往大号侧运行 N34 杆塔自主充电,充电完成后,往大号侧运行至 N44 杆塔,绕过 N44 杆塔塔头分别从两侧自动下线,运行过程中,要经过 6 基耐张塔,16 基单联直线塔,巡检里程为 7.1km。

5. 清远供电局 220kV 燕堤乙线

220kV 燕堤乙线,N5 级杆塔到 N52 级杆塔,本段路线全长 15.66km,共 48 级杆塔,其中有 19 级耐张塔,29 级直线塔。N34～N56 级杆塔间是四回路,其余线路是双回路,地线在 N56 级杆塔处有交叉。这条线路地线型号有两种,N5～N32 级杆塔之间的地线是 GJ 钢绞线,其型号是 XLXGJ-55,N32～N52 级杆塔之间的地线是 LGJ 钢芯铝绞线,其地线的型号为 LGJ-95/55。

左侧(面向大号侧)为燕堤乙线,燕堤乙线上方地线供穿越巡检机器人运行。上下线方式为自动上下线,N5、N52 杆塔分别安装自动上、下线装置;N31 杆塔安装太阳能充电装置。机器人运行方案:机器人从 N5 杆塔自动上线,往大号侧运行至 N31 杆塔进行自动充电,巡检里程为 7.44km;充电完成后,继续往大号侧运行至 N52 杆塔自动下线,巡检里程为 7.3km;机器人总巡检里程为 14.74km。

6. 清远供电局 110kV 黎红线

110kV 黎红线为单回线路,机器人行驶路径从 N2 杆塔到 N37 杆塔(全线运行),线路全长为 12.1km,共 36 基杆塔,其中 25 基直线塔,11 基耐张塔。地线的型号为 LBGJ-75-27AC。

黎红线右侧(面向大号侧)地线为巡检路径,全线贯通,供穿越巡检机器人运行。上下线方式为自动上下线,N2、N37 杆塔分别安装自动上下线装置;N19 杆塔安装太阳能充电装置。机器人运行方案:机器人从 N2 杆塔自动上线,往大号侧运行至 N19 杆塔进行自动充电,巡检里程为 4.8km;充电完成后,继续往大号侧运行至 N37 杆塔自动下线,巡检里程为 6.8km;

机器人总巡检里程为 11.6km。

7. 肇庆供电局 220kV 睦端乙线

220kV 睦端乙线为单回线路，左侧（面向大号侧）地线为 LBGJ – 75，机器人行驶路径为 N02 杆塔至 N58 杆塔，全线运行，巡检线路全长为 20.8km，共 57 基杆塔，其中直线塔 41 基，耐张塔 16 基。地线型号：左侧地线型号为 LBGJ – 75，右侧地线型号为 36 芯 OPGW。

220kV 睦端乙线左侧（面向大号侧）为 LBGJ 地线，全线贯通，供穿越巡检机器人运行。上下线方式为自动上下线，N2、N58 杆塔分别安装自动上、下线装置，N21、N39 杆塔安装太阳能充电装置。机器人运行方案：机器人从 N2 杆塔自动上线，往大号侧运行至 N21 杆塔进行自动充电，巡检里程为 6.8km；充电完成后，继续往大号侧运行至 N39 杆塔进行自动充电，巡检里程为 6.7km；充电完成后，继续往大号侧运行至 N58 杆塔自动下线，巡检里程为 7.2km；机器人总巡检里程为 20.8km。

第11章　变电站机器人巡检系统

11.1　巡检系统组成

变电站机器人巡检系统由机器人本体、充电系统、无线传输系统、本体监控后台及其他辅助设施组成。变电站机器人巡检系统使用无轨导航方式，实现快速部署，可方便站间调配，采用四轮独立驱动，适应于各种复杂环境。其提供高清晰度红外及可见光视频图像，测温精度高，达到±0.5℃；采用基于激光雷达和惯导组合的精确地形匹配的导航方案，定位精度达到±1cm。变电站机器人巡检系统具备超声防撞功能，提供高可靠性安全保障，可原地全向运动，为巡检提供更强的易用性，系统组成框图如图11-1所示。

图11-1　变电站机器人巡检系统组成框图

11.2　机　器　人　本　体

变电站巡检机器人本体由外形结构部件、运动控制系统、供电系统、传感器系统和导航系统组成，如图 11 - 2 所示。

11.2.1　外形结构部件

变电站巡检机器人外形结构设计以简洁实用、硬朗可靠为基本原则，配合良好的平面切割技术，使巡检机器人整体兼顾重量、稳定性和防护等级要求；表面采用喷塑和阳极氧化工艺处理，具有较强的防腐性能，智能巡检机器人整体结构大量采用铝合金材料，产品总重量小于 145kg，其实物图如图 11 - 3 所示。

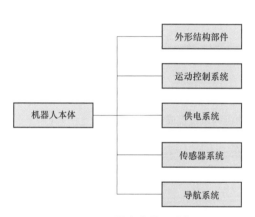

图 11 - 2　机器人本体组成框图

图 11 - 3　机器人本体外观结构

11.2.2　运动控制系统

变电站巡检机器人的运动控制系统主要由运动控制器、电动机驱动器、电动机、减速器、车轮、超声波避障模块、手动遥控模块、状态指示灯等组成，组成框图如图 11 - 4 所示。

运动控制系统主要实现与监控后台的通信及对车体和云台的控制功能，实时接收车体、云台状态信息并上传，工作流程图如图 11 - 5 所示。在遥控模式可通过集控中心发送指令，手动控制实现车体和云台进行相应的动作；在巡检模式下，可根据巡检任务的不同，选择例巡或特巡方式，根据监控后台的控制指令，自动控制实现车体和云台进行相应的动作，并且反馈自身状态及传感器探测信息；控制系统还具有学习功能，实现对变电站各个巡检点信息的学习、记录。

为了适应变电站户外运行需求，变电站巡检机器人车体选用轮式四轮驱动车，采用在运动控制中广泛应用的 PID（proportional integral differential，比例积分微分）控制及 PMSM 矢量控制算法进行车体控制，实现了转速控制精确和转矩快速响应，保证了控制算法的成熟性和稳定性。四轮独立驱动及柔性匹配控制技术的应用，实现了零转弯半径，原地 360°旋

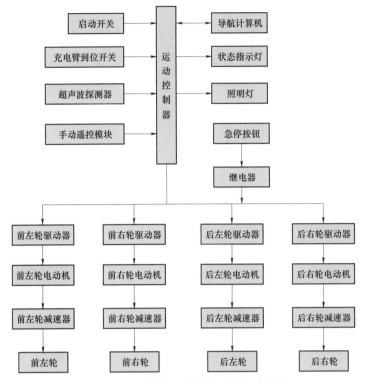

图 11-4　机器人运动控制系统组成框图

转，具有现场路径规划灵活，环境适应能力强等特点。由于驱动电动机使用低磁阻大扭矩驱动电动机，系统调速范围宽，效率高、可靠性好，机器人最大运行速度可达 1.1m/s，可越过10cm 障碍、爬坡能力达到 25°。

1. 运动控制器

运动控制器作为巡检机器人的核心，选用工业级智能系统芯片，采用 RISC（reduced instruction set computer，精简指令计算机）架构设计，具有高主频、高温度域、高稳定性等特点。其采用接口隔离技术及工业级固态硬盘，确保整套控制系统在各种恶劣环境下的长期稳定可靠运行。

运动控制器的核心构架为 RISC 处理器，这种处理器结合了多种突破性的技术，使其低功耗、低成本并实现高性能，同时其集成的调试功能能够实现快速验证。此处理器为巡检机器人提供了很好的调试平台，其性能达到同时处理多个传感器信息的要求。

主控模块上电后首先运行自检程序，检测传感器等各硬件模块是否能够正常工作，然后执行平台运动控制程序和通信程序。运动控制器通过 422 通信模块为上位机提供控制通信接口，上位机可以根据通信协议规定的帧格式发送运动控制命令。同时还可以检测平台实时运行状态，包括运动速度、运动方向、运行工位、实时电量等信息。在平台故障状态下，会有报警信息发送给上位机。底层驱动通信采用 CAN 通信手段，布线简单，数据高效可靠，系统可扩展性好，波特率高达 1Mb/s，其上层协议采用标准的 CAN Open 协议。

运动控制器运行安全性监测程序，对驱动器的异常状态进行检测，当遇到轮速超过3000r/min 等异常状态时，会自动切断继电器供电回路，实现紧急制动。

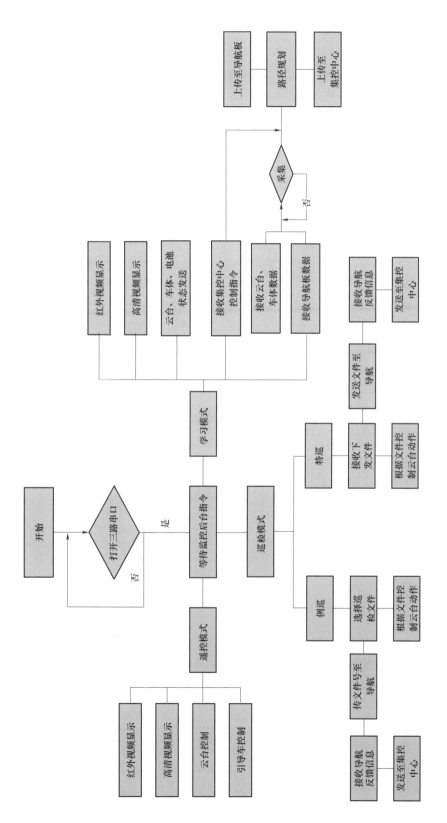

图 11-5 机器人运动控制系统工作流程图

运动控制器的自检功能可检测到传感器故障、电动机及驱动故障、供电系统故障、通信故障等，并自动报警和上传监控后台。

2. 电动机驱动器

电动机驱动模块为速度闭环型控制器，保证机体在运动过程速度恒定，不受负载影响，使用 ARM Cortex—M3 作为主控芯片，辅助功率放大逆变器件驱动电动机，并采用 SPWM 控制方式，可以有效抑制无刷直流电动机换向时的转矩脉动，算法上采用双闭环 PID（速度环和电流环），可以在低速时保持力矩输出的同时码盘信号能够上传，从而能够对其进行校正及故障处理，保证电动机能够以给定的速度稳定运转，误差值优于 5% 。

驱动器模块有过压、欠压、过流、过温、霍尔信号非法、码盘信号等故障的检测和处理及高压泄放电路，可以保证系统稳定可靠。

3. 超声波避障模块

变电站巡检机器人采用了超声波阵列技术，通过超声波循环检测机器人的四周，判断前进的方向有没有障碍物，一旦有物体进入航线，机器人会立即停下并报警，等障碍物移除之后才继续原先的作业任务。

超声波避障碍模块的单探头检测距离为 0.3～2.0m，检测张角为 30°，采用前四、后四探头的布置方式，机器人根据现场实际工况选择一个合适的避障安全域，在安全域范围内探测到障碍物时，根据智能巡检机器人的运行工况，做出停车报警或自动避障的反应，并可满足遇到实体、网状等障碍物均应及时停止前进的要求。

4. 手动遥控模块

手动遥控模块可近距离无线控制变电站巡检机器人按照不同的速度前进、后退、转弯，主要用于变电站巡检机器人的调试和转运。

5. 状态指示灯

状态指示灯用来直观显示变电站巡检机器人的运行状态，各种状态定义如下。

（1）红灯亮：巡检机器人停止行走。

（2）绿灯亮：巡检机器人正在行走。

（3）红灯闪：巡检机器人故障。

（4）红黄绿灯交替闪：巡检机器人正在充电。

11.2.3　供电系统

1. 电池选型

由于锂电池在所有低压储能电池中具有最高的能量密度比和功率密度比，成为应用最为广泛的车载动力电池。变电站巡检机器人也采用磷酸铁锂电池供电，电池额定电压为 36V，电池容量为 50AH，为了满足电池在充放电及储运状态下的安全要求，电池安装在防爆、阻燃材料制作的专用电池箱内。

2. 电池管理系统

由于锂电池材料的固有特性，使其在过充电、过放电及过温时都会引起严重的性能衰减，甚至安全问题。如果不对锂电池组进行有效的充放电管理，电池组的性能将会迅速衰减，最终导致电池组无法使用。实验证明，配备完善的电池管理系统（battery management system，BMS）的锂电池组，其循环寿命是不配管理系统电池组的 3 倍以上。因此，根据锂电池的特性，对动力锂电池进行有效的管理，对于维护电池安全、保持电池性能、延长电池寿命具有重要的意义。

变电站巡检机器人锂电池组电源管理系统集电池组的数据采集、状态估计、充放电保护及均衡控制于一体，是供电系统的核心单元。BMS 测量电池的电压、电流和电池组温度，并根据锂电池组的当前状态控制充放电，防止过充和过放，确保锂电池组及变电站巡检机器人的安全。

BMS 的实现方案采用集中式管理系统，检测模块置于单体电池上，而电池组的电压、电流、温度等状态信息在 BMS 中心处理单元进行处理，并采取相应的控制。集中式方案降低了不必要的数据处理支出，节约了成本，与外界的通信由 BMS 中心处理单元完成，BMS中心处理单元对各电池状态信息处理后将必要的数据输出，大大提高了传输效率。

BMS 的硬件结构分为两部分：电池模块监控单元和主控单元，一个 BMS 由一个主控单元和多个电池模块监控单元组成。电池模块监控单元对电池模块的电压、温度进行检测，经过处理后将数据传输给主控单元，并对模块内的不均衡进行管理。主控单元接收电池模块监控单元传来的数据信息，与变电站巡检机器人控制系统和充电机进行通信，并负责总电压、总电流、绝缘度的检测，根据采集的电池数据估计电池组的电池荷电状态（state of charge，SOC）、健康状况等，对电池组的充放电进行保护。

3. BMS 性能改进

在智能巡检机器人实际工况中，锂电池组放电电流变化剧烈，测量不可避免地存在一定的误差，安时积分法中电流的测量误差被累计，以至于严重影响 SOC 估计的准确度。在 BMS中采用安时积分法和负载电压法相结合的估计策略，用测量得到的负载电压值来修正由安时积分法估计得到的 SOC 值，减小因为电流测量误差带来的影响。

由于锂电池各个参数在生产过程中无法控制到完全一致，不可避免地存在一些微小的差异，锂电池在智能巡检机器人实际使用中随着充放电次数的增多，加上内阻、自放电等因素的影响，这些差异将被放大，造成锂电池寿命衰减甚至带来安全隐患。因此在 BMS 中加入了均衡管理，对电池间的不一致性进行均衡处理，能够削平电池之间的差异，使电池保持较好的一致性，达到延长电池寿命和降低成本的目的。

通过对锂电池组进行有效、快速、全面的管理，提高系统的可靠性和稳定性，确保了电池一次充电续航能力不小于 5h 的性能；在续航时间内，机器人能稳定、可靠地工作。

11.2.4 传感器系统

传感器系统包括高清可见光摄像机、红外热成像仪、声音传感器，能够实现设备仪表指针识别、接头及设备本体温度探测、设备异常声音检查等功能。

可见光摄像机和红外热成像仪通过网络接口连接到无线通信系统，均可实现遥控拍照、摄像及定时、定点自动拍照、摄像等功能。可见光摄像机具备自动或手动对焦功能，相机视频分辨率达到 1080 像素，光学变焦倍数达到 30 倍。红外热成像仪具备自动对焦功能，并可在实时显示影像中叠加显示温度最高点位置及温度值，红外热成像仪热灵敏度优于 50mK，测温精度优于 2K。

1. 可见光探测

可见光摄像机主要用于观察被检设备外观和读取仪表指针数值。为了适应在不同天气及光照条件下对外景和仪表的观测，可见光摄像机采用自动光圈设计，通过对视频信号的平均值进行检测，利用检测值来自动控制镜头的光圈扩大或缩小，以达到在不同的照度下均可获得标准视频信号电平的目的。也就是利用电信号的反馈带动光圈，调节电动机迅速而灵活地使光圈扩大或缩小，无须人工调节，光圈自动变化。

机器人云台上安装了亮度达 3000lm 的强光 LED（light–emitting diode，发光二极管）照明灯，照明灯的出射光线与可见光摄像机探测光路一致，以此可实现可见光的夜间探测。此外，为了机器人雨天的正常探测，在云台上可见光和红外光窗外安装了雨刷器，照明灯和雨刷器的开启和关闭都由本地监控后台或远程集控后台实现控制。

可见光变倍和调焦指令是由本地监控后台或远程集控后台发出的，通过无线网桥传送到机器人本体的可见光电动机驱动模块，电动机驱动模块驱动调焦电动机和变倍电动机带动凸轮机构，使调焦和变倍镜片径向移动，从而实现调焦和变倍。调焦、变倍及拍照、摄像指令可由操作人员根据现场需要手动发出，也可针对不同的巡检点和被测设备存储调焦、变倍和拍照、摄像指令信息，待机器人执行巡检任务到达巡检点时自动发出指令，实现自动对焦、拍照和摄像功能。

2. 红外图像探测

红外热成像仪的红外探测器用来接收物体辐射热量，并把它转换成电信号，然后将电信号依次输入后续放大、滤波、模数转换电路，将模拟信号转换为数字信号，再经 CPU 处理后最终送到图像显示器或监视器上进行显示。图像上的任意一点的灰度值都与目标物体发射到探测器上的热辐射相对应。在实际测温中，首先采用高精度的黑体进行标定，找出黑体温度与图像灰度值的对应关系。通过这个对应关系的计算，以及目标物体发射率的修正，就能从红外图像每个像素灰度值上获取目标物体表面对应位置的温度值，红外测温过程如图 11–6 所示。

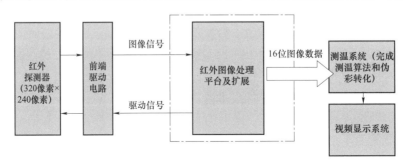

图 11–6　红外测温过程

3. 声音探测

变电站各类设备在出现缺陷或异常运行状态时往往会伴随发出异常的声音，通过对异常声音的监测，能够及时掌握设备状态，以便提醒运行人员及时采取处理措施。

例如，变压器在正常运行时，会发出"嗡嗡"声，是交流电通过变压器线圈时电磁力的作用引起硅钢片及变压器本体的振动而发出的声响。如果产生不均匀或其他异常声音，属不正常现象，可推断是否有内部缺陷发生。

变电站巡检机器人上安装有扬声器和传声器，可实现与监控后台双向语音对讲和现场声音采集，此外通过采集异常声音和正常声音，提取出音频信号的特征参数组成观测序列，对观测序列进行建模，建立异常声音模型库和正常声音模型库。

机器人采集到的运行设备噪声数据，实时通过无线传送到控制中心后台，利用声音分析软件根据建立的模型库进行状态识别，判断其中可能存在的异常声音，并发出警报，声音分析软件工作流程图如图 11-7 所示。

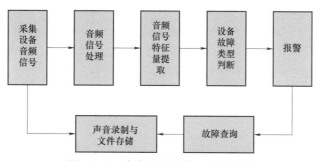

图 11-7　声音分析软件工作流程图

声音分析软件主要由信号处理、信号特征提取和信号显示等部分组成，能够根据声音检测设备采集到的被测对象的工作状态声音数字信号，提取出声音数字信号的各个频域分量，并且以数字化图形的方式展现出来，以便于判断被测对象设备的工作状态。

其中，信号处理部分是在声音采集装置采集声音信号并且通过放大、模数转换之后，为了提高语音信号的特征度，方便后期特征提高所做的信号处理。预处理包括端点检测、分帧和加窗。端点检测是用来检测输入声音信号中的有效语音成分，屏蔽静音部分和获取语音开始和结束点，由于是检测被测对象的工作状态声音，所以采用的是倒谱特征法。分帧是为了提高相邻语音信号的相关性，将原始语音信号分为小段，并做帧移处理。加窗是在分帧之后使频谱平滑、防止高频泄漏。

信号特征提取是取出语音信号中的有用信息，如音调、音色、音高及共振峰等。特征提取过程包括 FFT（fast fourier transform，快速傅里叶变换）求取功率谱、带通滤波器组、求取对数能量、离散余弦变换和提取一阶差分 MFCC 系数。这一方法是基于人的听觉频域特性发展而来，非常适合语音分析。

显示部分能够显示被测设备声音信号的数字化特征，包括声音中各个频率的数字化信号图形来判别声音的音调、音色、音高等特征。

4. 全方位智能云台

智能云台安装在巡检机器人移动平台上方，用于承载可见光、红外及声音传感器，云台以直流伺服电动机作为驱动，使云台具有水平和垂直两个相互独立的旋转自由度，云台俯仰框装有红外光窗和可见光光窗。通过控制方位和俯仰方向的转动，可使传感器对准被测设备。

云台运动控制核心部分采用 DSP（digital signal processor，数字信号处理器）芯片，该芯片中主要负责水平和俯仰两个自由度上的电动机运动控制及与接口转换模块通信。接口模块将接收到的网络接口指令解码后通过串行通信将运动控制指令发送至 DSP，在 DSP 中会校验上位机发送的控制指令数据的完整性，当确认信息无误时响应上位机的指令，通过光耦进行电平转换后，把运动控制信号传送给电动机驱动模块，保证了电动机能够准确地按照上位机的指令运动。在水平和俯仰两个方向上均安装了测角码盘，实时测量方位、俯仰是否转到相应角度位置。水平轴使用滑环，使云台在方位方向可 360°连续旋转。另外，在俯仰轴方向上安装限位开关，一方面可以防止云台失控后的随意运动，另一方面在开机复位时能够保证复位精准度。

云台主要性能指标应满足如下要求。

（1）云台预置位数量：≥10 000 个。

（2）垂直运动范围：−30°～+90°。

（3）水平运动范围：0°～+360°连续。

（4）定位精度：±0.1°。

（5）水平旋转速度：（0.01°～60°）/s。

（6）垂直旋转速度：（0.01°～30°）/s。

11.2.5 导航系统

变电站巡检机器人依靠激光雷达、惯导、里程计进行综合导航，可实现按照预先设定路线和停靠位置自主行走和停靠的功能。

激光雷达选用 SICK 公司的 LMS511 高性能室外型激光扫描雷达，测量距离可达 80m，扫描范围为 190°，角度分辨率为 0.166 7°，扫描频率高达 25Hz。可在−30～+55℃的恶劣环境中工作。

惯导可以提供车体三轴姿态角（或角速率）及加速度信息，分辨率不大于 0.05°，误差不大于 1.5°。

里程计信息包括车体当前的坐标，由车体运动学模型和四轮转速位移等信息计算得到，误差在 3%以内。

对于单个传感器信息，利用卡尔曼估计，中值滤波等滤波方法使信息更加准确，在导航过程中，利用多传感器融合技术，得到车体的定位信息。

11.3 充 电 系 统

充电房由充电柜、充电座、无线通信设备和自动卷帘门组成。充电柜和充电座用于智能巡检机器人自动对接充电，无线通信设备选用与本地监控后台相同的无线网桥和天线，天线安装在充电房顶。

变电站巡检机器人需要补充电力时，将自动驶向指定的充电房，车载充电连接器与固定充电装置实现电连接并实施充电。充电完成后，变电站巡检机器人自动停止充电，待命或投入正常巡检。整个充电过程完全实现自动化，无须人工干预。

车载充电连接器与固定充电装置连接的实现方法：在车身侧面横向安装充电机械手臂，在充电工位安装长条形充电极板，当机器人车体准确定位后，车身机械手臂探出与极板充分接触即开始自行充电，充电完成后机械手臂收回。

变电站巡检机器人的工作状态分为空闲、巡检和充电三种。变电站巡检机器人上电初始化后进入空闲状态。收到巡检任务命令后，变电站巡检机器人检查电池电量是否充足，如果充足即进入巡检状态，开始执行巡检任务，否则拒绝执行并报警。在巡检任务中实时检测电池电量，如果电量不足，直接返回充电房进行充电；若巡检任务正常完成后，变电站巡检机器人也返回充电房。到达充电点后，变电站巡检机器人进入准备充电状态。伸出充电机构，机器人通过充电机构位置和极片电压，判断充电条件是否满足。如果条件满足，机器人切到外部供电，启动电池充电，进入充电状态。进入充电状态后，机器人如果没有收到巡检任务命令，就实时检查充电状态是否正常，不正常则报警。如果收到巡检任务命令，机器人立即检查电池电量是否充足，如果充足，就开始执行巡检准备工作，否则拒绝执行并报警。

巡检准备工作包括智能巡检机器人切换到电池供电，停止电池充电，收回充电机构。待充电机构收回到位，机器人即可进入巡检状态，从而实现巡检—充电—巡检的循环自主地长期运行，自主充电—巡检的流程图如图11-8所示。

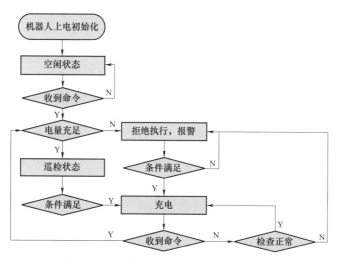

图 11-8 机器人自主充电—巡检的流程图

11.4 无 线 传 输 系 统

变电站巡检机器人通过无线网桥与本地监控后台实现双向、实时信息交互，信息交互内容包括机器人本体状态和被检测设备图像、语音和指示性数据，所有图像、语音、数据均可在本地监控后台存储。

无线网桥具有组网灵活、传输带宽高、数据速率稳定、传输时延小的特点。巡检机器人采用 5.8GHz 频段高质量等级的室外专用数字无线网桥，实现了长距离多路视频、音频及数据的实时传输，最长传输距离可达 10km，并且数传误码率≤10^{-6}、时延≤20ms、图传时延≤300ms，由于此频段的无限网桥无须申请无线执照，比其他有线网络设备更方便部署。通过无线网桥机器人能正确接收本地监控后台的控制指令，实现云台转动、车体运动、自动充电和设备检测等功能，并正确反馈状态信息；正确检测机器人本体的各类预警和告警信息，并可靠上报。在通信中断、接收的报文内容异常等情况下，图像、语音、数据不丢失，同时系统将发出告警信息，并可在通信恢复后自动续传。

11.5 本 地 监 控 后 台

本地监控后台由计算机（服务器）、无线通信设备、监控分析软件和数据库等组成，安装于变电站本地用于监控机器人运行和控制指令下达的计算机系统。

巡检机器人与监控后台通过无线局域网连接，采用 TCP/IP（transmission control protocol/internet protocol，传输控制协议/互联网协议）协议进行数据交互，传输内容包括以下几点。

（1）高实时性数据，可分为中低密度数据和流媒体数据。

（2）中低密度数据，包括智能巡检机器人实时状态、巡检数据与图片信息、实时遥控指令等。

（3）流媒体数据，包括可见光 H264 高清压缩视频流、红外热成像仪 MPEG4 压缩视频流、音频流等。

（4）事务性数据，该部分数据不要求很高的实时性，包括巡检任务的下达、巡检报表的上传等。

11.5.1　硬件设计

机器人监控后台的硬件由无线网桥、服务器、显示器、键盘、鼠标和音响等设备组成。无线网桥用于接收和发送巡检机器人的数据和控制信息；服务器用来承载监控系统的所有软件，并且存储巡检机器人生成的历史数据信息，为远程监控系统的查询提供数据来源；显示器可实时显示监控系统的交互界面；键盘、鼠标用于对监控系统信息数据和控制命令等进行输入操作；音响可播放巡检机器人产生的软硬件故障信息和巡检机器人检测的声音信息。

11.5.2　软件设计

监控后台软件采用 C#语言开发，基于.NET 架构，可以在 Windows 的各个版本操作系统跨平台运行，用户需要升级操作系统，不需要对软件进行更改。客户端软件的使用者主要是变电站的运维人员，所以软件界面设计应简洁、方便，能一目了然地查看到与巡检机器人相关的任何信息，并且能通过简单的鼠标操作来完成对机器人的控制操作。

机器人监控后台软件系统一共分为六个模块，包括：① 实时监控；② 任务规划；③ 远程遥控；④ 配置中心；⑤ 历史查询；⑥ 数据分析。

1. 实时监控模块

实时监控模块负责实时查看机器人运行过程中的图像信息、车体状态信息、车体行进信息（通过数字地图查看）、电池状态信息、巡检任务现场的气象信息、巡检任务信息等。实时监控主界面实例图如图 11-9 所示。

实时监控主界面由六个子界面组成。

（1）环境参数，实时显示气象站回传的各环境参数，如温度、湿度、风速、风向、气压等。

（2）巡检任务，实时显示当天进行的巡检任务，设置日历快捷键，可进入日历菜单进行当天任务的查询。

（3）运行数据，实时显示任务进行中的重要消息、发生错误、设备缺陷及告警（包括通信是否中断信息）。

（4）可见光视频，实时显示机器人可见光摄像机拍摄到的视频，屏幕控件提供播放、停止、抓图及录像等选项。

（5）红外视频，实时显示机器人红外热成像仪的红外视频，右键菜单中提供播放、停止、抓图及自动聚焦等选项。

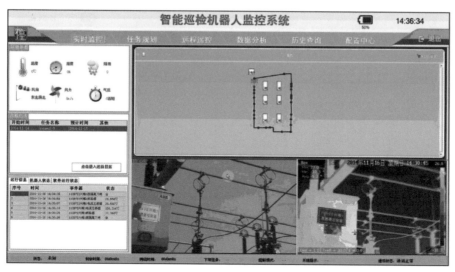

图 11-9　实时监控主界面

（6）电子地图，当机器人巡检时，可实时显示机器人在电子地图上的位置，实时记录、显示机器人的工作状态、巡检路线等信息，可根据任务标定机器人巡检路线轨迹，在任务栏中实时反映任务进度；电子地图还具有缩放和可编辑的功能，展示界面如图 11-10 所示。

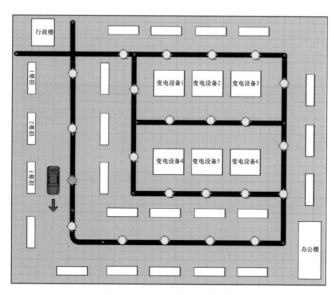

图 11-10　电子地图展示

2. 任务规划模块

任务规划模块分为例巡任务规划、特巡任务规划和人工遥控巡检，各种巡检任务模式可选并随时任意切换。例巡任务规划可根据用户需求预先生成多条巡检任务，固定一周内每天巡检的任务，开始巡检任务时，一键执行即可。特巡任务规划可根据用户当天的需求，实时编辑生成新的巡检任务，完成对特殊设备的临时巡检。任务规划主界面实例图如图 11-11 所示。

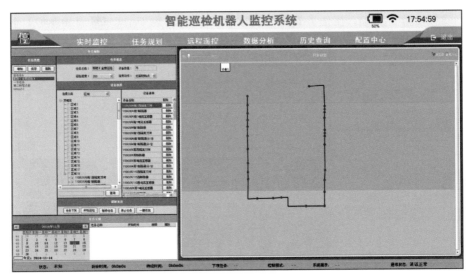

图 11-11　任务规划主界面

任务规划主界面由以下四个子界面组成。

（1）任务规划，例巡任务规划根据预先规划好的巡检路线对变电站设备进行巡检；特巡任务规划根据突发情况，临时创建一条新的巡检路线，对需要重点排查的变电站设备进行巡检。

（2）任务安排，根据巡检需求，预先设计好多条巡检路线，安排计划时，任意调取；选择任意一条巡检路线，右侧页面会显示出预设巡检路线中需要巡检的任务属性和设备清单，如图 11-12 所示。

图 11-12　任务安排界面

（3）任务安排日历项，在任务安排日历项中，可提前规划后续（每周或每月）工作任务，任务安排日历项界面如图 11－13 所示。

图 11－13 任务安排日历项界面

（4）数字地图，根据例巡任务或特巡任务编辑数字地图，生成巡检任务下发到巡检机器人，使其按照预订任务安排完成巡检计划。

3. 远程遥控模块

远程遥控模块可以实时遥控机器人到规定地点做规定动作。该模块可通过手柄控制云台方位和俯仰，控制车体速度和方向，远程遥控主界面图例图如图 11－14 所示。

远程遥控主界面由红外视频显示、高清视频显示、数字地图、机器人本体遥控（包括车体和云台）四个子界面组成。

（1）车体控制，在远程遥控模式下，控制巡检机器人的运动方向和行驶速度，具有一键返航功能。

（2）云台控制，在远程遥控模式下，控制云台的方位和俯仰，传感器的调焦和变倍。

（3）红外视频，实时显示红外视频。

（4）可见光视频，实时显示可见光视频。

（5）数字地图，实时显示车体位置，及待巡检设备信息。

4. 配置中心模块

配置中心模块包括设备配置、地图配置和基本配置三个子界面。设备配置界面如图 11－15 所示，包括红外配置、可见光配置、车体配置和云台配置四个项目。

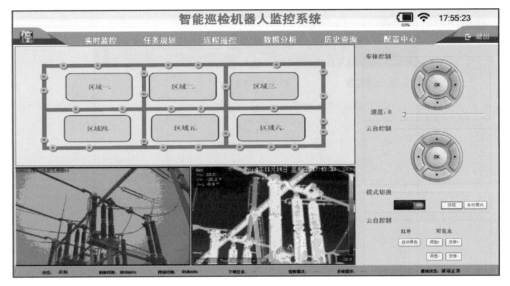

图 11-14 远程遥控主界面

图 11-15 设备配置界面

5. 历史查询模块和数据分析模块

历史查询和数据分析模块包括了专家诊断库,显示内容包括事项查询、巡检数据展示、报表查询、设备查询、历史曲线查询、机器人运行状态统计、红外图像知识库等,可实现将巡检任务中采集到的可见光图像、红外图像、声音数据、表计读数、设备位置状态、充油设备油位等信息存储在巡检数据库中,并能够按照巡检时间、巡检任务、设备类型、设备名称、最高温度等过滤条件查询巡检数据,历史查询和数据分析界面如图11-16所示。

图 11-16　历史查询和数据分析界面

11.6　环境适应性

变电站巡检机器人按照全国各地区的变电站极端环境气候进行设计，针对暴风大雨、湿热、高海拔、寒冷等极端恶劣气候条件，以及变电站高电场、高磁场环境，通过三防设计、防风设计、EMC（electromagnetic compatibility，电磁兼容性）设计、防振动设计及温度适应性等设计，确保了机器人在不同气候条件下长期可靠地安全稳定运行。

1. 三防设计

变电站巡检机器人外壳采用静电喷涂工艺，具有防腐蚀、防水、抗氧化三防功能，机器人内部传感、控制均采用模块化设计、标准化生产。

通过符合《IPC J-STD-033B.1—2007》标准的潮敏防护（MSD）控制体系，避免塑封器件受潮失效，并配置除湿机和加湿机，对库房和板卡生产线所处环境进行温度和湿度控制，保证产品制造过程中 ESD 和 MSD 的可靠防护。确保机器人在潮湿、腐蚀环境下正常可靠地运行。

智能巡检机器人采用一体化结构设计，接缝及连接处通过密封，胶条密封处用工业级进口防水接插件进行处理，具有防水防尘功能。整机满足《外壳防护等级（IP 代码）》（GB 4208—2017）中 IP54 的设计要求，最大涉水深度大于 10cm，确保变电站巡检机器人在雨天等潮湿环境下的长期稳定运行。

2. 防风设计

变电站巡检机器人采用四轮驱动式的底盘结构，设备重心低，机器人的整体质量分布有利于机器人在地面上的稳定运行。机器人本体结构的紧凑设计和高密封性的生产工艺，保证了机器人在室外的安全，具备抵抗 10 级强风的能力。

3. EMC 设计

变电站巡检机器人对电子元器件、电源、通信等模块采用屏蔽、隔离处理，关键信号通过阻抗匹配设计、各设备模块采用等电势共地设计，输入/输出接口的滤波和保护设计等技术确保各模块的信号完整性、安全和可靠性。在电气设计上，变电站巡检机器人采用电源跟信号电缆分开布线，电源线缆加磁环滤波，以及高频等通信信号采用屏蔽线缆，标准的接地设计，保证各模块设备正常运行。在结构设计上，对接缝处等区域也进行 EMC 防护设计。

4. 防振动设计

变电站巡检机器人在变电站巡检过程中，由于受路面环境的影响，不可避免地会有一定程度的振动，因此对变电站巡检机器人进行了防振动设计。开展振动试验，针对试验过程中出现的固定螺钉松动、部件断裂等问题，采取了以下主要技术防振动措施。

（1）对所有紧固件通过采用增加弹垫、齿形垫圈、涂加螺纹胶及采用防松螺母等设计提高螺栓、螺钉的紧固效果及紧固强度。

（2）对部件断裂部分通过优化设计提高部件强度。

（3）通过增加防护套、减振弹簧等措施，减缓外力对管路连接部位的作用。

通过上述措施，改进了变电站巡检机器人的防振动性能，使机器人能长时间适应变电站环境的运行要求。

5. 温度适应性设计

为了能够在炎热或寒冷的环境下正常工作和长期储藏，变电站巡检机器人中的所有部件和元器件均选用宽温度范围的工业级产品。此外，在云台护罩内安装排热风扇和加温板，可自动对护罩内的环境温度进行排热或加温，这样有利于护罩内的重要传感器（可见光相机和红外探测器）在高温或低温环境下的正常工作，变电站巡检机器人的工作环境温度范围可达 $-25\sim+55℃$，存储环境温度范围可达 $-30\sim+65℃$，工作和存储环境相对湿度范围可达 $5\%\sim95\%$（无冷凝水）。

第12章 变电站机器人智能巡检技术

12.1 组 合 导 航 技 术

12.1.1 技术原理

变电站巡检机器人依靠激光雷达、惯导、里程计进行组合导航，可实现按照预先设定路线和停靠位置自主行走和停靠的功能。

（1）激光雷达选用 SICK 公司的 LMS511 高性能室外型激光扫描雷达，测量距离可达 80m，扫描范围为 190°，分辨率为 0.166 7°，扫描频率高达 25Hz。可在 −30～+55℃的恶劣环境中工作。

（2）惯导可以提供车体三轴姿态角（或角速率）及加速度信息，分辨率为 0.05°，误差不大于 1.5°。

（3）里程计信息包括车体当前的坐标，由车体运动学模型和四轮转速位移等信息计算得到，误差在 3%以内。

每种导航方式都有其优缺点，激光雷达定位在无累积误差、无干扰情况下定位精确度高，但缺点是容易受环境影响，易受到外界干扰；惯性导航的优点是不受环境干扰，不会产生跳变，缺点是会有累积误差和漂移；里程计的航迹推算没有漂移，但有累积误差。

12.1.2 实现方法

1. 组合导航原理

组合导航包括激光雷电、惯导、里程计等导航传感器，传感器互为冗余，提高了系统的稳定性。激光雷达导航通过激光扫描，计算出自身所在的位置和姿态，来修正 DR（航迹推算）导航计算模块的累积误差，DR 导航的输出又为组合导航提供了参考初值，通过数据融合算法，将这几种导航数据进行融合后，输出位置和方向信息，组合导航的原理框图如图 12−1 所示。

对于单个传感器信息，利用卡尔曼估计、中值滤波等方法使信息更加准确，在导航过程中，利用航迹推算、多传感器数据融合技术，得到车体定位信息。通过数据融合的方法将这三种传感器进行组合，使定位精度和稳定性比各单一传感器都高。

航迹推算（DR）是一种典型的独立定位方法，其原理主要是利用航向传感器和距离传感器（或速度传感器）测得车辆的行驶航向变化量和距离，然后推算出车辆的当前相对位置，其基本原理如图 12−2 所示。

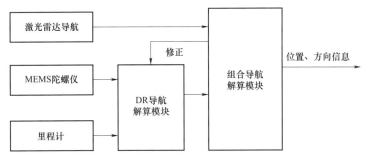

图 12-1　组合导航的原理框图

在实际的车辆定位应用中，车辆运动可以看成是在二维平面上的运动，因此如果已知车辆的起点 (x_0, y_0) 和初始航向角 θ_0，通过实时测量车辆的行驶距离和航向角的变化，就可以实时推算出车辆的位置。航迹推算的特点如下。

（1）航迹推算需要实时得到前后时间距离和角度的变化量 S 和 θ。

（2）航迹推算需要设定初始时刻的状态 x_0、y_0、θ_0。

（3）航迹推算是一个积分过程，因为不同时刻的测量误差会累积起来，所以随着时间的推移，航迹推算系统的误差是一个发散的过程；如果不进行补偿校正，定位精度会越来越差。

用加速度模型进行滤波，然后将滤波后的姿态误差对 SINS 惯性系统进行补偿，完成输出校正。激光雷达和惯性系统组合工作原理如下图 12-3 所示。

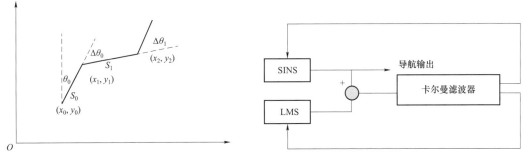

图 12-2　航迹推算的基本原理图　　　　图 12-3　激光雷达和惯性系统组合工作原理图

2. 组合导航实现

在现场部署时，首先激光雷达扫描出完整的巡检现场地图，再由路径规划软件设置巡检机器人的行走路线和巡检定位点，并使之与地图匹配。由于采用激光雷达导航不需要进行路面施工，因此，可大大减少施工量，缩短施工周期，并具有很强的扩展性和灵活性。

在创建激光雷达地图时，首先使用激光雷达提取变电站巡检道路两侧景物的线段特征和角点信息，检测它们的位置关系，通过坐标变化，一方面快速获得变电站巡检机器人初始位姿估计，另一方面获得相邻采样时刻变电站巡检机器人的相对位姿变化。通过提取线段特征和圆柱形路标特征，将提取的线段特征用于变电站巡检机器人的运动预测，圆柱形路标特征用于变电站巡检机器人的位姿修正，使用扩展卡尔曼滤波算法，完成这两个过程的数据融合及定位过程。通过不断调整选取卡尔曼滤波参数，改进程序设计方法，有效地提高导航精度。变电站巡检机器人进行导航的算法流程框图，如图 12-4 所示。

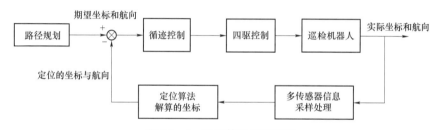

图 12-4 导航算法流程框图

导航算法流程中各部分的工作内容如下。

（1）路径规划，由最优路径规划得到期望坐标与航向。

（2）循迹控制，神经网络 PID 控制消除偏航误差和偏航距离。

（3）四驱控制，分解四轮速度并通过 CAN Open 协议下发，PMSM 为矢量控制。

（4）巡检机器人，建立四轮驱动智能巡检机器人模型。

（5）多传感器信息采样处理，通过卡尔曼滤波得到车体反馈信号。

（6）定位算法解算的坐标，由激光雷达、惯导、里程计组合导航定位。

巡检机器人导航过程中的位置及航向偏差，如图 12-5 所示，图中旋转激光传感器转动中心与机器人运动中心重合，传感器坐标系中的 x 轴与机器人纵轴重合，这样激光定位得到的坐标和方向即为机器人在全局坐标系下的位置（x，y）和航向 θ。

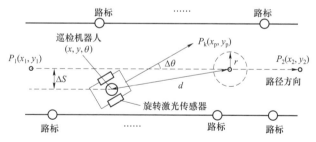

图 12-5 巡检机器人导航过程中的位置及航向偏差

如图 12-5 所示，已知全局坐标系 XOY 下路径起点 P_1（x_1，y_1）和终点 P_2（x_2，y_2），由以下两式即可求得机器人与行驶路径的位置偏差 ΔS 和航向偏差 $\Delta\theta$：

$$\Delta S = \frac{(y_2 - y_1)x - (x_2 - x_1)y + (y_1 x_2 - y_2 x_1)}{\sqrt{(y_2 - y_1)^2 + (x_2 - x_1)^2}}$$

$$\Delta\theta = \theta - \arctan\left(\frac{y_2 - y_1}{x_2 - x_1}\right)$$

（12-1）

式（12-1）中，参与 $\Delta\theta$ 计算的角度数据取值范围为 [0，360)，ΔS 和 $\Delta\theta$ 正负反映机器人相对于运行路径是偏右还是偏左。假定机器人运行速度为 V，为了调整机器人运行姿态，可根据计算得到的 ΔS 和 $\Delta\theta$，分别乘以系数 K_S 和 K_θ（均为非负值，具体数值可由现场调试确定），即可得到机器人两轮速度控制量的增量：

$$\Delta V = K_S \Delta S + K_\theta \Delta\theta$$

（12-2）

最终输出给左右两轮的运行速度 V_L 和 V_R 分别为

$$V_L = K_P(V - \Delta V) \qquad\qquad (12-3)$$

$$V_R = K_P(V + \Delta V) \qquad\qquad (12-4)$$

式中，乘以系数 K_P 是为了保证机器人可以在设定停靠点 $P_k(x_p, y_p)$ 准确停靠，K_P 可按如下方法确定：

$$K_P = \begin{cases} 1 & d > r \\ d/r & \varepsilon < d < r \\ 0 & d < \varepsilon \end{cases}$$

$$d = \sqrt{(y - y_P)^2 + (x - x_P)^2} \qquad\qquad (12-5)$$

式中，d 为机器人当前位置与停靠位置之间的距离；r 为设定的停靠控制范围。当机器人进入设定的停靠控制范围 r 后，机器人开始减速，待机器人停靠误差小于允许值 ε 后，机器人停止运动。

变电站巡检机器人综合导航系统运行结果表明，机器人沿导航任务设定路线运行平稳，具有较高的导航控制精度，但是考虑到变电站现场复杂的应用环境，有必要进一步研究不同干扰条件下的导航稳定性和高精度的控制方法。

12.2 基于特征地图的定位技术

12.2.1 技术原理

无轨导航方式具有无轨化、施工方便、不会破坏道路、控制方式灵活、路径改变方便等优点，但技术难度高、实现高可靠性难度大。其突出的优势使无轨导航技术得以发展，无轨导航已经逐步取代有轨导航。无轨导航技术主要包括 GPS 导航、惯性导航、视觉导航、激光雷达导航、超声导航、航迹推算（DR）、射频（RFID）导航等。由于变电站电磁辐射严重、磁场环境复杂，因此 GPS 导航方式受干扰严重，定位精度差，无法满足变电站巡检定位的需求。

采用激光雷达进行定位，不仅精度高、方向性好、不受光线影响，且抗电磁干扰，特别适合用于变电站巡检机器人的导航要求。

12.2.2 实现方法

激光雷达的原始数据是以当前设备为原点的坐标系为基础，数据点为极坐标系中的坐标，故需要进行坐标转换。

激光雷达从 x 轴正半轴开始，经过 361 个扫描点结束，其中扫描点中包含角度值和距离值。设激光雷达在全局坐标系下的位姿为 (x_0, y_0, θ_0)，接收到数据点 P 为 (θ, r)，其中 θ 表示角度、r 表示距离，通过零极点坐标可以得到 P 点在激光雷达坐标系下的坐标：

$$\begin{cases} x_p = r\cos\theta \\ y_p = r\sin\theta \end{cases} \qquad\qquad (12-6)$$

由激光雷达在全局坐标系下的位姿 (x_0, y_0, θ_0)，可以得到 P 点在全局下的坐标值：

$$\begin{bmatrix} x \\ y \end{bmatrix} = \begin{bmatrix} \cos\theta_0 & -\sin\theta_0 \\ \sin\theta_0 & \cos\theta_0 \end{bmatrix} \begin{bmatrix} x_p \\ y_p \end{bmatrix} + \begin{bmatrix} x_0 \\ y_0 \end{bmatrix} \qquad\qquad (12-7)$$

地图数据存储在文本文件中，如下代码所示，格式为数据头 + 坐标点数据，数据头的含义分别为 MinPos 最小坐标值，MaxPos 最大坐标值，NumPoints 数据点个数，PointsAreSorted 排序，Resolution 分辨率，DATA 数据段开始；每行坐标分别为 x 和 y。某变电站全局的激光点云数据地图显示效果，如图 12 - 6 所示。

```
2D-Map
MinPos:-1869-32706
MaxPos: 15632 25268
NumPoints: 33691
PointsAreSorted: true
Resolution: 20
DATA
618-903
626-899
634 93
18-403
26 299
64 103
...
```

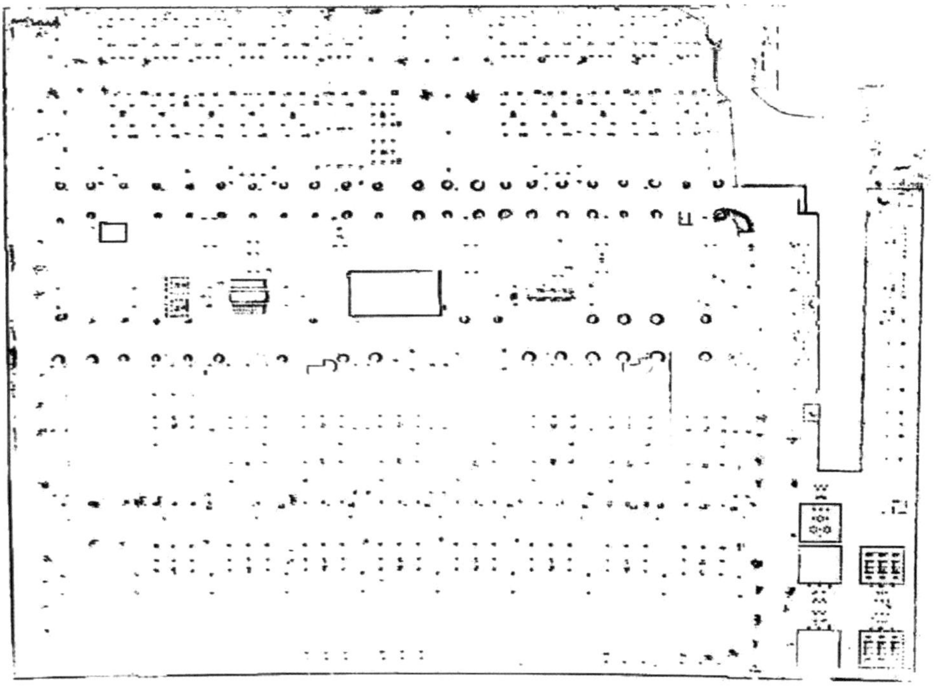

图 12 - 6 变电站全局的激光点云数据地图显示效果

点云匹配算法常用 ICP（iterative closest point，迭代最近点）算法、RANSAC 算法等，这里采用的是 ICP 算法，ICP 算法广泛应用于二维、三维点云的匹配领域，它的基本原理如下。

三维空间 R^3 存在两组含有 n 个坐标点的点集 P_L 和 P_R，分别为 $P_L = \left\{ P_{l1}, P_{l2}, P_{l3}, \cdots, P_{ln} \in R^3 \right\}$ 和 $P_R = \left\{ P_{r1}, P_{r2}, P_{r3}, \cdots, P_{rn} \in R^3 \right\}$，三维空间点集 P_L 中各点经过三维空间变换后与点集 P_R 中的点一一对应，其单点变换关系式为

$$P_{r1} = R \times P_{l1} + t \qquad (12-8)$$

式中，R 为三维旋转矩阵；t 为平移向量。

根据以上数据处理方法，ICP 算法可以概括为以下七个步骤。

（1）根据点集 P_{lk} 中的点坐标，在曲面 S 上搜索相应的就近点点集 P_{rk}。

（2）计算两个点集的重心位置坐标，并进行点集中心化生成新的点集。

（3）由新的点集计算正定矩阵 N，并计算 N 的最大特征值及其最大特征向量。

（4）由于最大特征向量等价于残差平方和最小时的旋转四元数，将四元数转换为旋转矩阵 R。

（5）在旋转矩阵 R 被确定后，由于平移向量 t 仅仅是两个点集的重心差异，可以通过两个坐标系中的重心点和旋转矩阵确定。

（6）根据式（12-8），由点集 P_{lk} 计算旋转后的点集 P_{lk}^T。通过 P_{rk} 与 P_{lk}^T 计算距离平方和值为 f_{k+1}。以连续两次距离平方和之差绝对值 $\Delta f = \left| f_{k+1} - f_k \right|$ 作为迭代判断数值。

（7）当 $\Delta f < \varepsilon$ 时，ICP 算法就停止迭代，否则重复步骤（1）～步骤（6），直到满足条件后停止迭代。

当迭代退出后也就完成了匹配，图 12-7 是利用 ICP 算法对点云匹配的效果图，可以看出，红色的单帧点云数据开始时没有和地图点云重合，经过 ICP 算法匹配以后，红色的点云数据和地图点云数据基本重合，完成匹配。

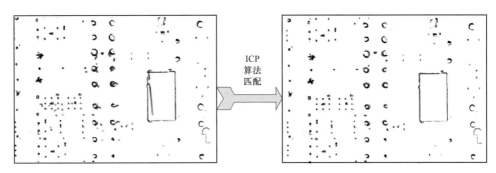

图 12-7　ICP 算法匹配效果

当得到机器人在上一时刻位姿 $P_{k-1}(x_p, y_p, \theta_p)$ 下的单帧点云数据，经过 ICP 算法进行匹配后得到坐标变换关系，表达式见式（12-9）和式（12-10），其中 R 和 t 分别表示旋转矩阵和平移矩阵：

$$R = \begin{bmatrix} r_{11} & r_{12} \\ r_{21} & r_{22} \end{bmatrix} = \begin{bmatrix} \cos\theta_0 & -\sin\theta_0 \\ \sin\theta_0 & \cos\theta_0 \end{bmatrix} \qquad (12-9)$$

$$t = \begin{bmatrix} t_1 \\ t_2 \end{bmatrix} = \begin{bmatrix} x_t \\ y_t \end{bmatrix} \qquad (12-10)$$

由旋转和平移矩阵就能得到机器人在当前位置的坐标偏差和角度偏差：

$$\Delta\theta = \arctan\left(\frac{r_{11}}{r_{21}}\right) \tag{12-11}$$

$$\begin{bmatrix} \Delta x \\ \Delta y \end{bmatrix} = \begin{bmatrix} t_1 \\ t_2 \end{bmatrix} \tag{12-12}$$

其中，当 $r_{11} \geq 0$ 且 $r_{21} \geq 0$ 时，$0 \leq \theta \leq 90$；

当 $r_{11} < 0$ 且 $r_{21} > 0$ 时，$-90 \leq \theta \leq 0$。

则机器人当前的姿态可表示为 $P_k = P_{k-1} + \Delta P$。

12.2.3 应用效果

通过机器人进行实际测试，验证了激光雷达定位精确、地图定位稳定可靠。图 12-8 为截取了一帧激光雷达的数据的实验数据结果，红色为原始扫描的激光点云坐标数据，绿色为实时计算的激光点云坐标数据，可以看出在激光雷达下特征地图的定位方法精度高。

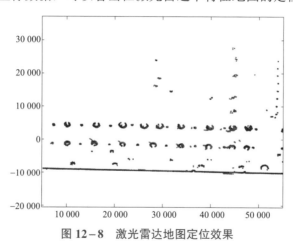

图 12-8 激光雷达地图定位效果

图 12-9 为机器人轨迹坐标数据，蓝色点为激光雷达扫描的原始数据，红色为特征地图定位数据，可以看出在本书采用的算法下导航工作更加稳定，在抗干扰和提高定位精度方面有了较大的提升。

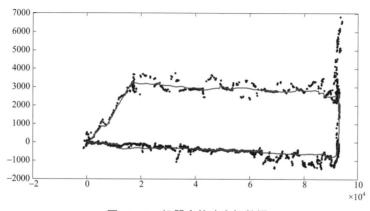

图 12-9 机器人轨迹坐标数据

12.3 红外与数字地图辅助导航

12.3.1 技术原理

目前，用于巡检机器人的导航方式主要包括电磁导航、视觉导航、GPS 导航等，但单一导航方式均存在各自的局限性，较难满足高精度及可靠性的要求。巡检机器人中多数采用了惯性导航技术，存在累积误差的问题。为了提高惯性导航系统的定位精度，可利用景象匹配技术实现辅助导航，这是极为有效的技术手段，其工作原理是利用地物景象提供精确的定位信息，以此修正车体长期运行造成的累积误差。

目前，由于可见光图像易于获取、成本低廉且成像清晰度较好，景象匹配所用的实时图与基准图绝大部分为可见光图像。然而，可见光图像对于光照度、气候条件等较为敏感，不仅增大了匹配算法的复杂度，而且也不适合用于经常执行夜间巡检任务的变电站巡检机器人。因此，基于可见光图像的景象匹配技术针对特殊条件下（如全天候巡检条件）的辅助导航的作用是有限的。

针对变电站巡检机器人导航系统存在的问题，研究一种基于红外图像匹配的辅助导航算法，以提升导航精度。利用巡检机器人携带的红外探测器获取变电站的基准图，当巡检机器人行进到预设位置范围内，则拍摄出实时地物景象，并采用矢量图匹配的方法将实时图和基准图进行匹配比较，以此确定当前巡检机器人的准确位置，实现变电站机器人的辅助导航功能，这样能有效地提高机器人的定位精度，保障巡检数据的可靠性。该方法的独特优势在于可充分利用现有硬件资源，无须额外增加成本，能实现全天候的辅助导航。

12.3.2 实现方法

1. 红外图像预处理

经典直方图匹配算法通过累积分布函数计算直方图之间的强度映射关系，调整原始图像的对比度以改善视觉效果，使其直方图接近于参考图像，从而解决不同成像条件下所获图像存在强度差异的问题。其缺陷在于仅能实现整幅图像的增强，而对具体细节的增强结果则较难控制。已有研究资料表明，将幂次变换与经典直方图算法相结合，通过参数调节，可较好地解决经典直方图算法的不足。

幂次变换的基本形式为 $s = cr^{\gamma}$，其中 c 为增强后图像的最大灰度级（默认情况下 c 的值为 255），r 为直方图均衡化变换函数 $T(r_i)$ ［其中 $T(r_i) \sum_{j=0}^{i} P_r(r_j)$ ］，γ 为调节函数。

参数调节如下。

（1）当 $\gamma = 1$，$c=255$ 时，为直方图均衡化。

（2）当 $\gamma > 1$ 时，高灰度区拉伸程度越大，适于过亮图像。

（3）当 $\gamma < 1$ 时，低灰度区拉伸程度越大，适于过暗图像。

2. 图像匹配

现有的图像匹配方法可分为基于特征的配准算法和基于区域的配准算法。基于特征的匹配算法具有一定的尺度不变性，但在关键的电力设备故障时刻，如现场存在的起火、烟雾等异常情况，可能导致实时图与基准图差异较大，这将产生较多的误匹配点；基于区域的匹配算法包括灰度相关算法、相位相关算法等。

根据变电站巡检的实际工况并针对待拼接图像中重叠区域的相似性，提出一种基于块匹配的模板匹配方法。该方法本质上是基于图像像素的图像拼接算法，利用图像灰度特性，进行图像重叠区域的确定，算法模块结构及匹配过程分别如图 12-10 和图 12-11 所示。

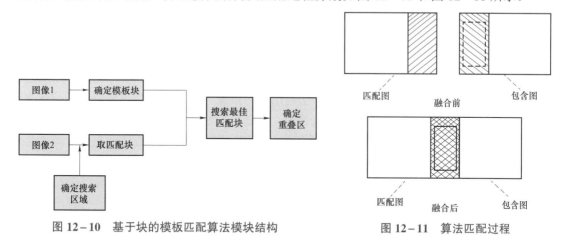

图 12-10　基于块的模板匹配算法模块结构　　　　图 12-11　算法匹配过程

3. 算法流程设计

基于红外图像与数字地图匹配算法的具体实现步骤如下。

（1）图像的预处理，数字栅格地图与红外图像是两种性质不同的图像形式；为了实现精确的配准，需要对这两种图像进行预处理以降低噪声并增强可用于匹配的特征。

（2）特征提取，有效的特征提取是实现精确配准的前提；预处理后需要分析并提取数字栅格地图与红外图像共有的各类特征，并对这些特征进行优化组合。

（3）匹配算法，匹配算法是图像配准的关键问题，包括特征匹配、参数模型及坐标变换与插值等；需要研究如何建立针对数字栅格地图与红外图像中特征点之间的对应关系，如何选取合适的变换模型来求取参数，以及如何选取合适的坐标变换与插值算法完成图像的配准；如何优化匹配算法并提高匹配速度也是一个关键的研究内容。

基于红外图像与数字地图匹配技术的实现方法如图 12-12 所示。

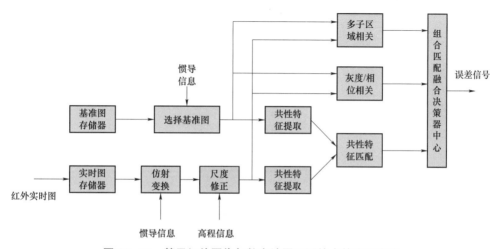

图 12-12　基于红外图像与数字地图匹配技术的实现方法

多源图像配准技术虽然已经获得很大发展，但在多模态图像配准精度、自动化及配准速度等方面与实用还有很大的距离。作为全天候辅助导航系统核心算法，基于红外图像与数字地图匹配技术的深入研究不仅对精准的辅助导航系统的实现具有重要意义，同时对多源图像配准技术的发展也有着极大的推动作用。

12.3.3　应用效果

利用景象匹配技术，将巡检机器人自带的红外探测器获取变电站的地物景象（基准图）基准图与巡检途中拍摄的实时图在嵌入式工控机中进行相关匹配比较，即可确定出当前巡检机器人的准确位置，完成定位功能。该算法利用地物景象为惯导系统提供精确的定位信息，修正其经过长时间车体运行所积累起来的误差，提高惯导系统的定位精度。

采取该组合导航方式（景象匹配与惯性导航）的巡检机器人在实地运行期间，经过全天候条件下现场试验验证，该组合导航系统的运行稳定可靠。

针对巡检机器人日常巡检记录的实时数据进行了分析，结果表明经过景象匹配与惯性导航系统的组合后，系统整体定位精度明显高于未组合前系统的精度，证明该组合导航方式具有优越性，能够保证长时间的导航精度。

12.4　基于立体视觉的机器人辅助定位

1. 技术原理

为了提升现有导航技术的可靠性和抗干扰性能，利用机器人已配备的红外热成像仪和可见光摄像机，直接使用红外热成像仪及可见光摄像机采集到的数据，根据立体视觉原理，实现机器人自身辅助定位，其技术原理如图 12-13 所示。

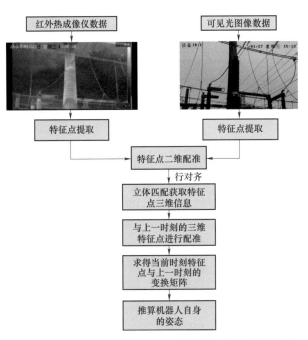

图 12-13　基于可见光与红外热成像的机器人辅助定位

2. 实现方法

经现场实际测试，该技术方案尚存在的问题：通过立体匹配获取特征点的三维信息时，需要通过标定获取摄像机之间的内外参数。对于可见光摄像机而言，其参数可以通过标定求得，但由于该标定方式的摄像机模型不适用于红外热成像仪，因此无法求得红外热成像仪的标定参数，如图 12-14 所示。红外热成像仪与可见光摄像机视场差别太大，直接处理景深误差很大，配准也存在一定的困难。

改进办法：采用额外安装双目摄像机的方式，通过双目摄像机内外参数匹配，对左右摄像机采集到的图像进行矫正，使左右图像相同特征点位于同一行上，再进行左右图像的特征点提取和匹配。基于三维的配准，最终求得相邻时刻之间的变换矩阵，并反推机器人自身的运动姿态，从而实现机器人自身的定位。

图 12-14　红外热成像仪与可见光相机参数差异导致图像匹配困难

3. 应用效果

基于可见光与红外热成像仪图像融合的定位算法，在实际过程中对其定位及重建进行测试，一个定位及重建结果如图 12-15 所示。

图 12-15　定位及重建结果

同时，为了便于直观的对比精度，本书将定位出的轨迹结果和使用高精度 GPS 的地面真实轨迹在二维平面（x，y 坐标系下）进行对比，对比结果如图 12－16 所示。

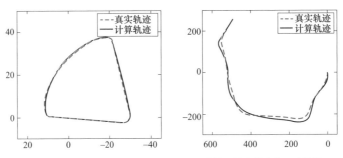

实线：算法计算出的运动轨迹；虚线：GPS 直接测量出的真实运动轨迹

图 12－16　轨迹对比结果

从图 12－16 中可以看出，基于融合算法的定位轨迹与 GPS 定位轨迹重合情况良好，显示了较好的定位精度。其中，闭合轨迹的效果好于非闭合轨迹，主要原因在于在闭合轨迹中因为回环的存在可以通过回环来进行优化，从而可以分散累积误差。在变电站巡检应用中，大部分的巡检路径可以形成闭合环路，利用融合算法进行定位时，轨迹偏差较小；对于部分难以实现环形巡检线路的设备，应尽量缩短行驶路径，以降低可能存在的轨迹偏差。

12.5　任务路径规划

12.5.1　技术原理

巡检机器人巡航时间受到电池影响，如何提高巡检效率成为亟待解决的问题；如何在最短时间内完成所下达的巡检任务成为本书研究的重点。巡检机器人在扫描完变电站环境之后会生成一个无向连通拓扑图，在拓扑图的边上会标记有若干个停靠点。不同的任务需要从初始点出发经过不同的若干个停靠点再返回初始点。如何规划路径是机器人面临的问题。这是一个近似中国邮递员问题。求解此类问题目前的研究有以下几大类算法：① 动态规划算法，通过寻求优化的搜索算法求得较优的解；② 模拟进化算法，如蚁群算法，粒子群算法等；③ DNA 算法。通过对问题的分析，提出基于遗传算法的解决方法，实验证明该路径规划方法是可行有效的，为变电站巡检机器人任务路径规划提供了一种有效方法。

12.5.2　实现方法

变电站机器人巡检是按照预先设定好的路径行走，在路径上有停靠点，机器人到达停靠点后停车执行任务动作。不同任务会选择不同的停靠点，如何从初始点出发以最短的时间完成任务并返回初始点是本书要研究的主要内容。由于机器人在所有停靠点执行任务动作的总时间相同，如何以最短的路径代价通过所有的停靠点并返回是问题的核心。

机器人巡检路径构成了一个连通无向图，如图 12－17 所示，表示为 $G = (V, E)$，V 表示所有路径顶点集合，E 表示所有路径集合。使用 S 表示所有停靠点集合，每个路径包含若干个停靠点。

机器人巡检过程中会优先巡检同一条路径上的所有停靠点。例如，任务中含有 2 号和 3 号停靠点，机器人从初始点出发，巡检 2 号停靠点之后一定会先巡检 3 号停靠点。这与中国邮差问题中的经过街道一样。所以可以将机器人巡检要经过的停靠点转换为需要经过的路径。我们将路径上的停靠点编号作为路径编号。

巡检机器人路径规划问题可以总结为，求取从初始点出发经过图上选定的若干条路径，并返回初始点的最短代价，即给定一组待巡检的路径集合 $\{e_1, \cdots, e_n\}$，求出一个集合排列的顺序，使从初始点出发按顺序经过排列中的路径，并返回初始点的路径最短。两个点之间行驶路径按照 Floyd 算法求解。此问题类似于中国邮差问题，路径集合 $\{e_1, \cdots, e_n\}$ 的所有排列有 $n!$ 个，从 $n!$ 个排列中找到代价最小的排

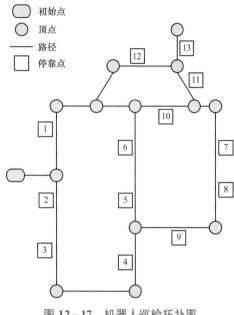

图 12-17 机器人巡检拓扑图

列在 n 较大时，几乎不可能。求解最优排列问题可以使用动态规划算法，穷举所有可能的解。

动态规划算法是求取最优解的一种算法。根据机器人的当前位置，在图中进行广度优先搜索，只保留第一层的搜索结果作为下一巡检目标的备选集。将机器人移动到备选集中的一个位置，在此位置再进行广度优先搜索，继续移动。在待巡检路径 n 较多时此算法求得最优解需要的时间是不能忍受的。而基于遗传算法的求解方法首先通过分析拓扑图的特征对拓扑图简化，减少参与计算的路径；再根据动态规划算法给出路径排列的等价模型；最后给出遗传算法的选择、交叉、变异、适应度模型，使用遗传算法进行求解。

路径规划方法的具体步骤如图 12-18 所示，首先初始化算法：简化拓扑图以减少计算路径，再使用 Floyd 算法计算点到点最短路径和代价并存储；然后根据输入任务点序列使用本书提出的遗传算法进行迭代求解；最后输出最优个体作为最优任务点序列。

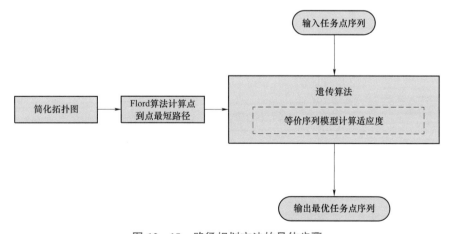

图 12-18 路径规划方法的具体步骤

1. 拓扑图简化

在机器人巡检拓扑图中存在一些"死胡同"，这些"死胡同"总是需要进入再退出。无论何时巡检"死胡同"内的停靠点，进入、退出的代价是固定的。如图 12-19 所示，13 号停靠点在一条"死胡同"内，巡检 13 号停靠点必须从图中空心顶点出发再回到图中空心顶点，这类在"死胡同"内的停靠点在不同的路径集合 $\{e_1,\cdots,e_n\}$ 的排列中的代价是固定不变的，所以在计算最优排列时，可以忽略这些点所在的路径。

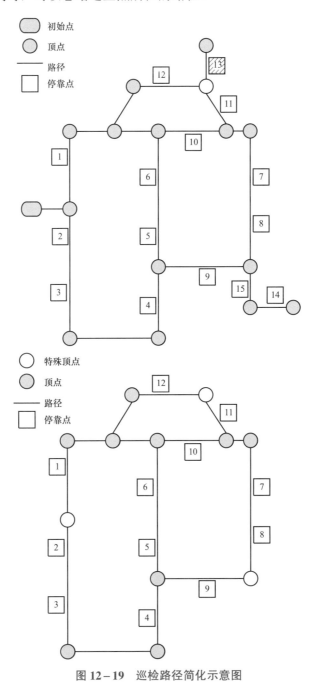

图 12-19　巡检路径简化示意图

具体算法流程如下。

（1）寻找图中度为 1 的顶点，不存在则结束。

（2）寻找顶点所在边的另一顶点（兄弟顶点）。

（3）将顶点标记到兄弟顶点。

（4）删除顶点所在边，返回（1）。

如图 12-19 所示，上边图经过简化之后变为下边的图。

2. 路径排列等价模型

路径集合 $\{e_1, \cdots, e_n\}$ 的所有排列组合有 $n!$ 个，但是其中有很多是无效的巡检序列，如集合的一个排列 $\{e_1, e_4, e_2, e_5\}$ 是一个无效序列，因为从 e_1 到 e_4 的过程必然经过 e_2 和 e_5 中一个。对于 $\{e_1, e_2, e_4, e_5\}$，根据动态规划算法可知，e_1 下一个的巡检路径只能是 e_2 和 e_5 中的一个。

在此，本书给出一个转换算法，将任意排列转换为符合搜索逻辑的序列。算法过程如下。

（1）输入任意排列 $E = \{e_1, \cdots, e_n\}$，元素个数为 num；初始化 $n=1$，输出排列 $R = \{E(1)\}$，即将输入排列第一个加入输出排列。

（2）广度优先搜索寻找 $E(n)$ 下一步备选集合 $B = \{e_i, \cdots, e_j\}$。

（3）$C = B - R$，即从备选集合中移除已存在 R 中的元素。

（4）将 C 中的元素按在 E 排列中的顺序排序，将 $C(1)$ 加入 R 尾部，$n = n+1$。

（5）若 $n < $ num，则转至（2）。

（6）将 $E(n)$ 加入 R 尾部，结束。

例如，$\{e_1, e_4, e_2, e_5\}$，e_1 之后备选集合为 $[e_2, e_5]$，e_2 在 $\{e_1, e_4, e_2, e_5\}$ 中的顺序靠前，选择 e_2。e_2 之后备选集合为 $[e_5, e_4]$；e_4 在 $\{e_1, e_4, e_2, e_5\}$ 中的顺序靠前，选择 e_4。最后得到等价排列为 $\{e_1, e_2, e_4, e_5\}$。

3. 遗传算法

遗传算法首先需要给出一个排列序列的代价。本书路径长度计算使用 Floyd 算法求得每对顶点之间的最短路径，机器人到巡检序列中的一个路径代价为机器人从当前位置巡检路径近处的顶点，再将路径上停靠点依次巡检所走的路线总长度。机器人从初始点开始将排列序列所有路径巡检完并按最短路径返回初始点，总路线长度为此排列序列的代价。计算一个排列序列的代价就是计算其有效的等价序列的代价。

遗传算法需要计算每个个体的适应度，此问题中适应度与排列序列代价成反比。本书使用基准对比的方法求得适应度。首先随机选择一个基准排列序列，求得其代价作为基准代价；任何一个排列序列的适应度为基准代价除以待求序列的代价。将此方法记为 $f(R)$，R 为排列序列。

选择运算：遗传算法使用选择运算来实现对群体中的个体优胜劣汰的操作。适应度高的个体被遗传到下一代群体中的概率大；适应度低的个体，被遗传到下一代群体中的概率小。选择操作的任务就是按某种方法从父代群体中选取一些个体，遗传到下一代群体。本书采用轮盘赌选择方法，其基本思想为，各个体被选中的概率与其适应度函数值的大小成正比。设群体大小为 n，个体 i 的适应度通过 $f(R)$ 求得，记为 F_i，则个体 i 被选中遗传到下一代群体的概率为

$$P_i = F_i / \sum_{i=1}^{n} F_i \tag{12-13}$$

交叉算子作为遗传算法中的重要部分，2 个父个体通过交叉算子产生带着 2 个父个体共同信息的子个体。本书采用顺序交叉法作为交叉算子。顺序交叉法为从父代 A 随机选择一个编码子串，放到子代 A 的对应位置；子代 A 空余的位置从父代 B 中按 B 的顺序选取（与已

有编码不重复)。同理可得子代 B。例如:

父代 A:872 | 139 | 0546

父代 B:983 | 567 | 1420

交叉后:

子代 A:856 | 139 | 7420

子代 B:821 | 567 | 3904

变异算子增加了遗传算法的全局搜索能力,避免遗传算法陷入局部最优解。本书采用逆转变异算法,在个体中随机挑选两个逆转点,再将两个逆转点之间的基因交换。例如,14527,随机选择2、4位置交换变异为12547。

本书增加了精英保留策略,将最优的个体复制到下一代中。遗传算法的具体流程如图 12-20 所示。

设置结束条件为迭代次数 100 次和不出现更优秀个体次数 10 次。当超过设定迭代次数或超过设定不出现更优秀个体次数而没有出现更优秀个体时,结束算法。设置交叉概率为 90%,即选择的 2 个父个体有 90% 概率进行交叉运算产生子个体。设置变异概率为 1%,每个个体有 1% 的概率产生随机变异。

12.5.3 应用效果

在实验中所用的拓扑图如图 12-21 所示,路径权重按照最小权重路径归一化结果如图 12-21 所示。

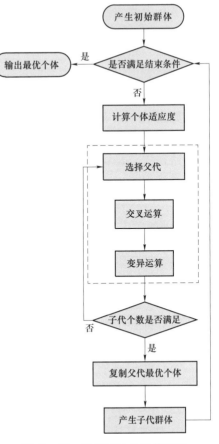

图 12-20 遗传算法的具体流程

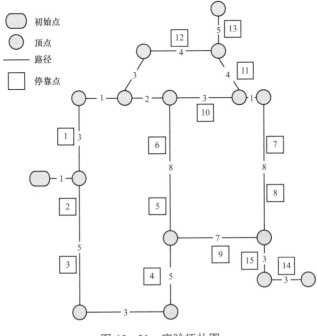

图 12-21 实验拓扑图

实验测试的机器人任务是巡检停靠点 5，6，10，11，12，13，14，15。实验结果如图 12-22 所示，随着迭代次数的增加群体评价代价逐渐降低，在迭代 20 次之后趋于稳定。在迭代 30 次的群体中取最优个体作为算法的解。本书提出的方法得出的巡检序列为 1，12，13，11，15，14，5，6，10；然后返回初始点。巡检代价为 65，与使用动态规划求得最优一致，表明本书提出的基于遗传算法的求解方法是迅速且有效的。

通过将基于改进遗传算法的机器人路径规划与仿真所提出的算法进行对比，实验结果如图 12-23 所示，实验表明本书通过拓扑图的简化和路径等价模型减少了求解的迭代次数，可以更加迅速地收敛到最优解。

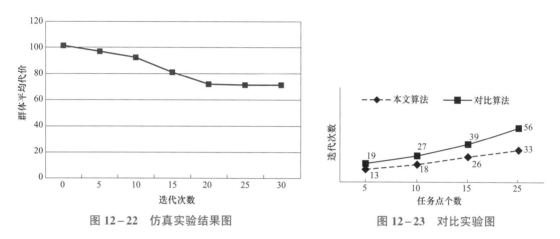

图 12-22　仿真实验结果图　　　　　图 12-23　对比实验图

通过实际运行，本算法在路径较少情况下总是能找到最优解，在路径较多的情况下也可找到比较良好的解，充分满足了变电站机器人任务路径规划的需求。

12.6　可见光检测及模式识别

12.6.1　技术原理

可见光摄像机主要用于观察被检设备外观和读取仪表指针数值，在巡检机器人到达指定观测点后，云台方位和俯仰按照预设角度转动对准被测目标，并先用大视场观察。巡检机器人要自动实现对仪表设备的状态识别，首先必须进行仪表设备在图像中的准确定位，在这基础上，实现仪表读数的自动识别。

12.6.2　实现方法

为了克服车身停车位置误差带来的视场对准偏差，在云台控制软件中增加目标视场中心点校正程序，即采用大视场模板匹配来识别需要判读的目标，通过云台运动将目标校准到视场中心后，再用小视场观测目标设备细节和仪表指示状态进行判读，以此来确保被测目标位于视场中心，有效地提高目标判读准确率。基于大视场模板匹配和小视场模板对准的实现过程示意图，如图 12-24 所示。

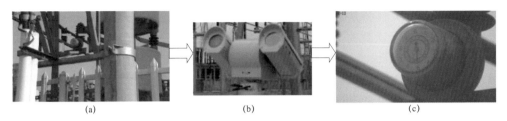

图 12-24　基于大视场模板匹配和小视场对准的实现过程示意图

（a）大视场模板匹配；（b）云台校准；（c）小视场对准

在对仪表、刀闸等设备判读前，采用曝光补偿、去模糊、色彩均衡等方法进行图像增强处理，完成原始数据的预处理。图像增强处理示意图如图 12-25 所示。

由于变电站内的多种主设备仪表都需要识别，观测点的视场角各不相同，在机器人采集到的图像中，背景较为紊乱，不仅包含仪表区域，还同时囊括其他设备，其中不乏近似仪表表盘形状的部件。为了实现高精度的识别效果，将利用仪表表盘的形状特征，通过模板匹配或椭圆拟合确定仪表表盘在图像中的基本位置及区域范围。在指针识别方面，获取了仪表表盘的子图像后，再使用多种的图像处理方法提取仪表指针的位置及指向方向。首先，针对各个不同种类的仪表设备图像，进行设备模板化处理，并在模板库中建立各仪表的"最小刻度"和"最大刻度"的位置信息。对于机器人实时采集的仪表设备图像，在后台服务中调取相应设备的模板图，利用尺度不变特征变换算法，在输入图像中匹配提取仪表表盘区域子图像。而后对表盘子图像进行二值化、仪表指针骨干化处理，利用快速霍夫变换检测指针直线，并去除噪声干扰，定位指针精确位置和指向角度，完成指针读数。仪表读取流程图如图 12-26 所示。

图 12-25　图像增强处理示意图

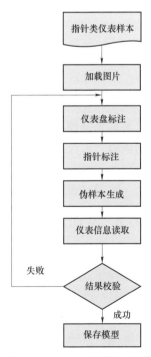

图 12-26　仪表读取流程图

在具体实施过程中，首先利用建模工具通过手工的方式，采用多边形对仪表区域进行选择，并对表盘初始刻度、表盘终止刻度及指针的位置进行标注，如图 12-27 所示。

通过旋转、仿射变化及亮度变化，实现仪表盘图像的伪样本生成，最后利用仪表模式识别软件进行仪表信息的读取，如图 12-28 所示。

另外，对于刀闸分合状态、数字表、断路器开合状态、油位等仪表也可采用与指针类仪表类似的处理方法。

对可见光探测及模式识别技术进行深入研究，可实现仪表、液位、开关状态、刀闸位置等多种设备状态的识别和数据读取，识别结果可达到较高的准确度，并可实现数字仪表或特殊字符仪表的状态识别。

图 12-27 仪表标注

图 12-28 仪表盘指针读取过程

12.7 仪 表 定 位

12.7.1 技术原理

近年来，随着计算机视觉技术的不断发展，利用巡检机器人对复杂环境下的各种仪表设备进行定期检查成为可能。利用图像检测技术对仪表进行自动定位，可以大大节省人工搜寻仪表的时间，并为机器人及视觉采集设备在一些人工无法到达的环境下对仪表的巡检及维修提供可能。现有的图像检测方法种类繁多，几种经典方法在具体的问题中发挥着各自的作用，如基于神经网络的图像检测方法，基于支持向量机的图像检测方法，以及基于自适应增强算法和子空间学习方法的图像检测算法等。

然而，针对仪表定位这一特殊问题，有关学者进一步从特征改进的层面提出许多新颖而有效的算法，如基于加强稳健特征（speeded up robust features，SURF）的仪表定位方法，另一种经典算法——尺度不变特征变换算法（scale invariant feature transform，SIFT）也被广泛应用。然而这些经典方法很容易出现因特征点数量少而匹配失败的情况，因此本书采用局部自适应核回归（LARK）（locally adaptive regression kernels，LARK）算法来解决仪表自动定位的问题。

12.7.2 实现方法

局部自适应核回归算法目标定位的关键是显著特征的提取及图像的精确匹配,本书采用 LARK 实现仪表的定位,其基本流程如图 12-29 所示,其详细步骤如下。

(1)步骤一,分别对查询图像 Q 和目标图像 T 运用局部转向核函数(local steering kernel,LSK)计算得到局部转向核描述子 W_Q 和 W_T,并采用 PCA(principal component analysis,主成分分析)算法对 W_Q 降维得到低维矩阵 A_Q,然后将 W_Q 和 W_T 分别投影到 A_Q 上得到显著特征矩阵 F_Q 和 F_T。

(2)步骤二,采用矩阵余弦相似性作为判决准则,比较特征矩阵 F_Q 和 F_{T_i} 之间的相似性。

(3)步骤三,在步骤二的基础上,对目标图像进行显著性检验找到所有可能相似的对象,并进行标注,划分出显著特征区域。

(4)步骤四,通过非极大值抑制方法,将相似性小于某一阈值的区域排除,保留最大相似区域,最终得到仪表定位结果。

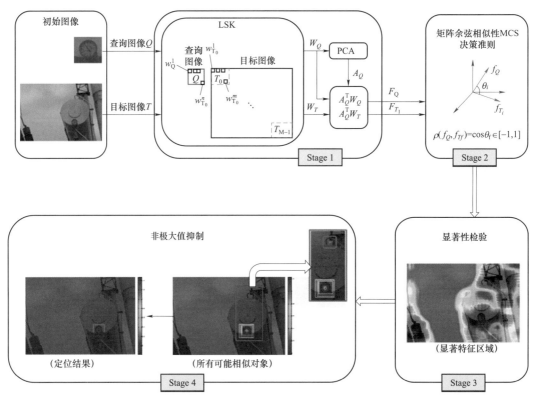

图 12-29 LARK 的基本流程图

LSK 的主要思想是在评估梯度的基础上通过分析像素值差异获取图像的局部数据结构,利用数据间的内在相似性去确定核的形状和大小。局部核函数 $K(\bullet)$ 采用径向对称函数,其表达式为

$$K\left(x_l - x; H_l\right) = \frac{K[H_l^{-1}(x_l - x)]}{\det(H_l)}, l = 1, \cdots, P^2 \qquad (12-14)$$

其中，$x_l = [x_1, x_2]_l^T$ 是空间坐标；P^2 是局部窗（$P \times P$）中像素点的数目；H_l 为转向矩阵，其表达式为

$$H_l = hC_l^{-\frac{1}{2}} \in IR^{(2 \times 2)} \tag{12-15}$$

其中，h 是一个全局平滑参数；矩阵 C_l 是通过计算每个像素点的梯度向量 G 得到的协方差矩阵，其表达式为

$$C_l = \left(cV_{i1} \times V_{i2} + \frac{V_{i1} \times V_{i2}^T}{c} \right) \times \left(\frac{s_{11} \times s_{22} + \varepsilon}{K} \right)^{\alpha} \tag{12-16}$$

其中，矩阵 V 和 S 是梯度向量 G 通过奇异值分解（singular value decomposition，SVD）得到的；定义系数 $c = \dfrac{s_{11} + 1}{s_{22} + 1}$；$K$ 是半径为 P 的圆形区域均值滤波器参数；α 是灵敏度参数。

转向矩阵 H_l 通过编码图像中存在的局部几何结构信息来调整局部核的形状和大小。选用高斯函数作为 $K(\bullet)$，得到如下 LSK 描述子：

$$K(x_l - x; H_l) = \frac{\sqrt{\det(C_l)}}{2\pi h^2} \exp\left\{ -\frac{(x_l - x)^T C_l (x_l - x)}{2h^2} \right\} \tag{12-17}$$

即在点 x 处，用含有 x_l 和 H_l 的函数 $K(x_l - x; H_l)$ 描述图像内在的局部几何结构。分别在查询图像和目标图像中定义，第 j 个子块上规范化的局部转向核函数 $K^j(x_l - x; H_l)$ 为

$$W_Q^j(x_l - x) = \frac{K_Q^j(x_l - x; H_l)}{\sum_{l=1}^{P^2} K_Q^j(x_l - x; H_l)}, \left(j = 1, \cdots, n; l = 1, \cdots, P^2 \right) \tag{12-18}$$

$$W_T^j(x_l - x) = \frac{K_T^j(x_l - x; H_l)}{\sum_{l=1}^{P^2} K_T^j(x_l - x; H_l)}, \left(j = 1, \cdots, n_T; l = 1, \cdots, P^2 \right) \tag{12-19}$$

其中，n 和 n_T 分别是在查询图像 Q 和目标图像 T 中计算 LSK 所用到的子块数目。可以采用 $W_Q^j(x_l - x)$ 和 $W_T^j(x_l - x)$ 来进一步定义输出特征矩阵 W_Q 和 W_T：

$$W_Q = \left[w_Q^1, \cdots, w_Q^n \right] \in IR^{P^2 \times n} \tag{12-20}$$

$$W_T = \left[w_T^1, \cdots, w_T^n \right] \in IR^{P^2 \times n_T} \tag{12-21}$$

其中，w_Q^j 和 w_T^j 分别是构成矩阵 W_Q 和 W_T 的列向量，w_T^j 的计算过程为：

$$w_T^j = \frac{\sum_{j=1}^{m^2} K_l^j}{\sum_{l=1}^{P^2} \sum_{j=1}^{m^2} K_l^j} \in R^{P \times P} \tag{12-22}$$

其中，P^2 是局部窗（$P \times P$）中像素点数目，m^2 是图像子块 T_i 的大小，共分为 n 个 $m \cdot m$ 大小的片段。得到 W_Q 后，对其运用 PCA 算法降维，以提取显著特征。W_Q 经 PCA 算法降维后保留了 d 维主成分，形成矩阵 $A_Q \in IR^{P^2 \times d}$，将 W_Q 和 W_T 分别投影到 A_Q 得到低维特征矩阵 F_Q 和 F_T：

$$F_Q = \left[f_Q^1, \cdots, f_Q^n \right] = A_Q^T W_Q \in IR^{d \times n} \tag{12-23}$$

$$F_T = \left[f_T^1, \cdots, f_T^{n_T} \right] = A_Q^T W_T \in IR^{d \times n_T} \tag{12-24}$$

相似性度量的决策准则基于计算特征 F_Q 和 f_{T_i} 之间的距离。可以运用余弦相似性准则对查询图像 Q 与目标图像 T 进行相似性度量，以实现 F_Q 和 f_{T_i} 的匹配。余弦相似性的定义是两个正规化向量的内积，其数学表达式如下：

$$\rho\left(f_Q, f_{T_i}\right) = \left\langle \frac{f_Q}{\|f_Q\|}, \frac{f_{T_i}}{\|f_{T_i}\|} \right\rangle = \frac{f_Q^T f_{T_i}}{\|f_Q\|\|f_{T_i}\|} = \cos\theta_i \in [-1,1] \qquad (12-25)$$

其中，f_Q，$f_{T_i} \in IR^d$，是列向量。考虑到余弦相似性准则仅仅关注角度（相位）信息，因此可以通过计算矩阵内积度量 F_Q 和 f_{T_i} 的相似性：

$$\rho\left(F_Q, F_{T_i}\right) = \left\langle \overline{F}_Q, \overline{F}_{T_i} \right\rangle_F = trace\left(\frac{F_Q^T F_{T_i}}{\|F_Q\|_F \|F_{T_i}\|_F}\right) \in [-1,1] \qquad (12-26)$$

其中，$F_Q = \left[\frac{f_Q^1}{\|F_Q\|_F}, ..., \frac{f_Q^n}{\|F_Q\|_F}\right]$，$F_{T_i} = \left[\frac{f_{T_i}^1}{\|F_{T_i}\|_F}, ..., \frac{f_{T_i}^n}{\|F_{T_i}\|_F}\right]$。

将上式改写成加权平均的形式：

$$\rho\left(F_Q, F_{T_i}\right) = \sum_{l=1}^n \frac{f_Q^{lT} f_{T_i}^l}{\|F_Q\|_F \|F_{T_i}\|_F} = \sum_{l=1}^n \rho\left(f_Q^l, f_{T_i}^l\right) \frac{\|f_Q^l\|\|f_{T_i}^l\|}{\|F_Q\|_F \|F_{T_i}\|_F} \qquad (12-27)$$

其中，$\frac{\|f_Q^l\|}{\|F_Q\|_F}$ 和 $\frac{\|f_{T_i}^l\|}{\|F_{T_i}\|_F}$ 分别是 F_Q 和 F_{T_i} 的权重。通过式（12-27）可以看出在特征集 F_Q 和 F_{T_i} 中每个特征点的相对重要性，同时也可以看出矩阵余弦相似性的优势，它同时考虑到了向量角度和强度两方面的影响。我们可以通过以下简化形式计算目标图像中每个子块 T_i 与查询图像 Q 的相似性，定义相似度 $\rho_i = \rho\left(F_Q, F_{T_i}\right)$，则

$$\rho_i = \rho\left(F_Q, F_{T_i}\right) = \sum_{l=1}^n \frac{f_Q^{lT} f_{T_i}^l}{\|F_Q\|_F \|F_{T_i}\|_F} = \sum_{l=1,j=1}^{n,d} \frac{f_Q^{(l,j)} f_{T_i}^{(l,j)}}{\sqrt{\sum_{l=1,j=1}^{n,d} \left|f_Q^{(l,j)}\right|^2} \sqrt{\sum_{l=1,j=1}^{n,d} \left|f_{T_i}^{(l,j)}\right|^2}} \in [-1,1]$$

$$(12-28)$$

其中，$f_Q^{(l,j)}$ 和 $f_{T_i}^{(l,j)}$ 分别是第 l 个向量 f_Q^l 和 $f_{T_i}^l$ 中的元素。

计算得到 ρ_i 以后，构造一个相似图（resemblance map，RM），用来分析查询图像 Q 和目标图像 T 之间的相似关系。余弦相似性是用来度量两个向量之间相似性的，其方法是测量两向量内积空间的夹角，并计算其余弦值。0°角的余弦值是 1，而其他任何角度的余弦值都不大于 1，并且其最小值是 -1，即 $\rho_i \in [-1,1]$。在区间 $[0,1]$ 内，ρ_i 的值越大，向量 f_Q 与 f_{T_i} 的夹角越接近 0°，则两向量的指向越接近；相反，ρ_i 的值越小，向量 f_Q 与 f_{T_i} 的夹角越接近 90°，则两向量的指向趋于背离。在区间 $[-1,0]$ 内，ρ_i 的值越大，向量 f_Q 与 f_{T_i} 的夹角越接近 90°，则两向量的指向趋于背离。而 ρ_i 的值越小，向量 f_Q 与 f_{T_i} 的夹角越接近 180°，此时也相当于两向量的走向相似。综合上述分析可见，用 ρ_i^2 定义函数即可，同时，在构造函数时，用 ρ_i^2 与 $1-\rho_i^2$ 的比值更有利于突出向量之间的差异，因为其取值范围从 $[0,1]$ 变到了 $[0,\infty]$。因此，用如下映射函数反映 Q 与 T_i 之间的相似程度：

$$f(\rho_i) = \frac{\rho_i^2}{1 - \rho_i^2} \qquad\qquad (12-29)$$

12.7.3 应用效果

采用一个巡检采集图像，其中查询图像在目标图像中进行定位，如图 12-30 所示。

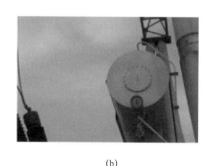

（a）　　　　　　　　　　　　　　　　（b）

图 12-30 查询图像和目标图像

（a）查询图像；（b）目标图像

实验选用大小为 9×9 的窗来计算 LSK，这样，在查询图像 Q 和目标图像 T 的每一个像素点处会分别产生一个 81 维的描述子 W_Q 和 W_T；用于计算 LSK 的平滑参数 h 的值设置为 2.1；运用 PCA 算法将 W_Q 和 W_T 的维度从 81 维降到 4 维，得到低维特征矩阵 F_Q 和 F_T；用矩阵余弦相似性方法度量矩阵 F_Q 和 F_{T_i} 之间的相似性；最后通过经验选择阈值 τ 来判定相似对象的数目及位置。

在查询图像中提取待查询对象的显著特征，依据这些特征在目标图像中筛选可能的匹配区域。算法得到的显著特征区域如图 12-31（a）所示，图像中不同颜色代表不同的相似度，从红色到蓝色代表相似度依次减弱，并将量化后的相似度显示在图 12-31（a）右侧的图例中。将图 12-31（a）所示的显著特征区域进行分块并二值化后的结果显示在图 12-31（b）中，后续的多尺度搜索匹配将在经分块后的红色区域进行。

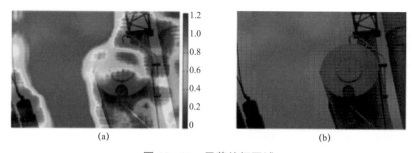

（a）　　　　　　　　　　　　　　　　（b）

图 12-31 显著特征区域

（a）显著特征区域；（b）显著特征区域分割

图 12-32 为经过匹配后得到的所有可能相似的对象，经过非极大值抑制排除了相似性相对较低的对象及一些有偏差的定位框，保留相似性最大的对象，得到最终的定位结果如图 12-33 所示。

图 12-32 所有可能的相似对象

图 12-33 定位结果

通过大量测试可以看出该算法局限性较小，并不受所测仪表的形状、大小、位置等因素的影响，只要在查询图像选择合适，目标图像相对清晰的情况下即可有效、快速地对仪表进行精确定位。

12.8 红外热像检测

12.8.1 技术原理

在自然界中当物体的温度高于绝对零度时，由于它内部热运动的存在，就会不断地向四周辐射电磁波，其中就包含了波段位于 0.75～100μm 的红外线。红外热成像仪就是利用这一原理制作而成的，目前，红外热成像仪具有使用方便、反应速度快、灵敏度高、测温范围广、可实现在线非接触连续测量等优点。但由于受被测对象的发射率影响，很难测到被测对象的真实温度，测量的是表面温度。

12.8.2 实现方法

红外测温采用逐点分析的方式，即把物体一个局部区域的热辐射聚焦在单个探测器上，并通过已知物体的发射率，将辐射功率转化为温度。

红外测温仪主要包括光学系统、光电探测器、信号放大器及信号处理、显示输出等部分。

图 12-34 红外信息叠加方式示意图

辐射体发出的红外辐射进入光学系统，经调制器把红外辐射调制成交变辐射，由探测器转变成为相应的电信号。该信号经过放大器和信号处理电路，并按照仪器内的算法和目标发射率校正后转变为被测目标的温度值。

机器人红外热成像仪对可选区域进行温度数据处理，包括求取区域温度的最高值、最低值、平均温度、区域中心点温度、温度信息和伪彩等信息，均通过以太网接口传送到后台。区域方框、区域中心点十字及上述温度值叠加在模拟视频上，叠加方式如图 12-34 所示。

红外热成像仪可检测设备的本体和接头的温度，机器人将根据用户在变电站中指定的被测设备和被测点，来控制云台指向被测点并设置测温区域，进行区域绝对温度或三相接头相对温度的测取，如图 12-35 和图 12-36 所示，然后根据用户设定的温度上升门限对超限的缺陷点记录并告警。常见的需要进行红外测温的设备包括变压器（套管）、断路器（套管）、隔离开关（断口）、互感器（电流互感器本体、电压互感器套管）、电容器（多个电容串并联构成的集中式的本体）、金具类（螺栓连接或压接金具等）设备等。

对红外热成像仪读取及识别技术进行深入研究，可实现对各类设备测取点进行绝对温度的精确读取及三相之间的温度对比，识别结果可达到较高的准确度。

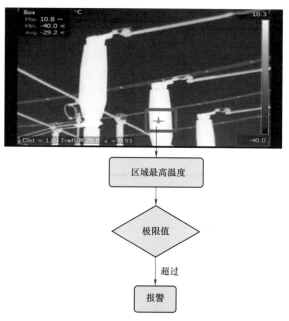

图 12-35 区域绝对温度的测取示意图

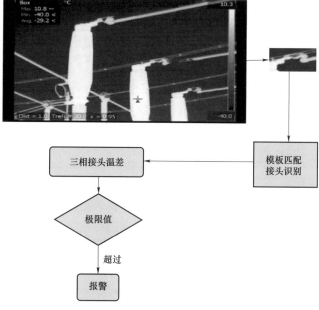

图 12-36 三相相对温度的测取示意图

12.9 基于立体视觉和红外热像的设备提取

12.9.1 技术原理

基于立体视觉和红外热像实现电力设备影像数据轮廓的提取,其技术流程包括双目/红外传感器安装、图像矫正与立体匹配、电力设备的实时定位与建图、可见光与红外图像融合及目标检测几部分。目标提取方案流程图如图 12 – 37 所示。

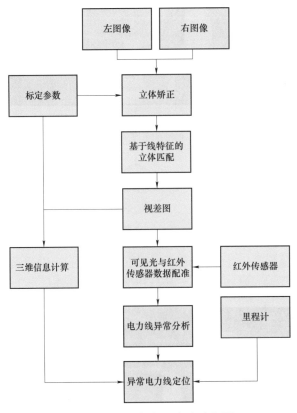

图 12 – 37　目标提取方案流程图

12.9.2 实现方法

1. 双目视觉系统搭建

双目视觉系统是在变电站场景下应用的,因此,要求摄像机拍摄的左右图像能够囊括道路左右两边影像,获取的信息量更丰富,更有利于在道路场景下进行设备检测。选取摄像头时,要求其视场角至少达到 70°,并选取广角镜头,以保证尽可能地获取丰富的场景信息。由于在室外环境下应用,采集的图像受光线影响较大,因此优先选用带自动白平衡、自动曝光调节功能的摄像头。本次系统搭建选用的是 ImagingSource DFK23UP031 工业级相机。

为使左右两个相机获取的图像能够有最大的重叠区域,要求两个相机放置在同一水平线上，并且左右光轴同向平行。由于应用在户外场景，要求所能测得的深度距离较大，故对相机的基线距离也有所要求。相机基线距离指的是左右相机之间的横向距离，采用的基线距离为50cm。如图12-38所示为选取的相机，具备根据场景灵活调节基线距离的功能。

图12-38 双目视觉系统选取的相机

2. 图像标定与立体匹配

在进行立体匹配前，必须先解决摄像机的标定与校准问题，确定摄像机的位置、属性参数和建立成像模型，才能确定空间坐标系中物体点与它在图像平面上像素点之间的对应关系。摄像机标定的主要目标在于确定两个摄像头的内部参数（焦距、光心、透镜畸变的参数等）与外部参数（匹配两个摄像机的 Reference 与 Target）。

采用基于半全局匹配算法，完成立体视觉中的平滑性约束，保证了视差图中相邻点之间视差的平滑性，降低了无匹配率，以及在一定程度上缓解了匹配歧义的问题。视差是场景中的某一点在两幅图像中相应点的位置差，即在二维图像坐标系中 x 坐标的差值。根据计算得到的每一个像素点的差值，描绘相应的灰度图。在灰度图中，深度值越小，与摄像头距离越近的点会更显得越明亮，如图12-39所示。

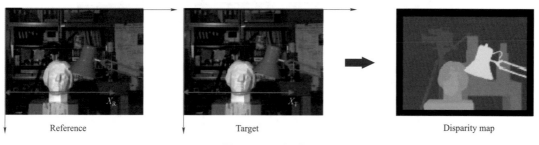

图12-39 视差图

3. 变电站环境实时特征匹配

对从变电站巡检中获取的左右图像进行立体匹配，计算出左右图像的梯度特征，并找出相应的匹配点，得到视差图。结合标定结果得到的内外参数计算其三维信息，提供指定位置拍摄图像中物体的景深信息。

借助于当前变电站智能巡检机器人上配备的可见光相机和红外热成像仪，针对同一个场景可同时获取 RGB 图像和红外图像，这两张图像经过相机底层的硬件校正使每一个像素之间将存在直接的对应关系。在融合过程中，首先在 RGB 图像和红外图像中分别使用 FAST 特征探测器进行特征探测，之后使用 ORB 描述子进行匹配。

匹配完成后，由于红外图像和 RGB 图像之间的像素存在直接的对应关系，因此红外图像中的特征探测和匹配结果最后将直接被包含到 RGB 图像的探测和匹配结果中。RGB 和红外图像特征匹配及融合说明如图12-40所示，匹配及融合结果如图12-41所示。

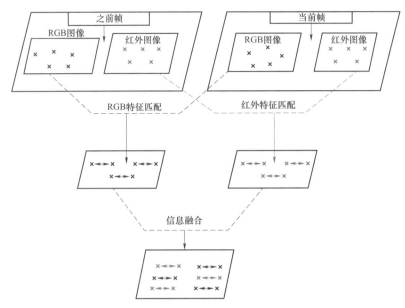

图 12-40 RGB 和红外图像特征匹配及融合说明

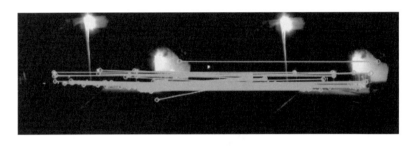

(a)

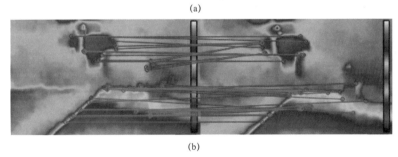

(b)

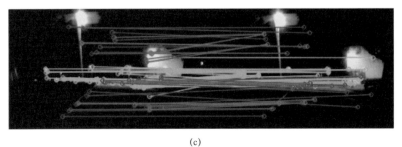

(c)

图 12-41 RGB 和红外图像特征匹配及融合结果

（a）RGB 图像匹配结果；（b）红外图像匹配结果；（c）融合后匹配结果

在融合的过程中由于结合了 RGB 与红外信息,因此在 RGB 图像黑暗部分中无法被匹配和探测到的特征点在红外图像中可被探测和匹配到。最终所有的特征探测和匹配结果被统一包含到 RGB 图像中。

12.9.3 应用效果

利用立体视觉和红外热图像实现电网设备影像数据轮廓提取的技术方法,在变电站测试中,得到的数据融合结果如图 12-42 所示。通过红外缺陷探测,可以找出图片中热度过高的物体及部位。

图 12-42 融合后的数据结果

12.10 声音检测及诊断

12.10.1 技术原理

变电站各类设备在出现缺陷或异常运行状态时,往往会伴随发出异常的声音,通过对声音的监测,能够快捷地掌握设备缺陷及其性质,若采用连续的在线检测,将提高判断的准确性。随着无人值守变电站投入使用的计算机监控系统、变电站巡检机器人系统的快速推进,使用音频实时监测变电设备的异常运行状态成为有效手段。当前无人值变电站的综合自动化系统主要包括"五遥"(遥测、遥调、遥视、遥信、遥控)监控,以实现少人、无人值守,较大地提高了电力企业的生产效率,但是也暴露出一些问题,特别是在对设备健康水平的掌握上有一定的弱势,不利于电网的安全稳定运行,几乎很少涉及对变电站电气设备的音频监控。通过对变电站的异常声音进行监测,可以及早地发现设备的异常状态,加强对设备健康水平的掌握。

20 世纪 50 年代初期贝尔实验室研制的 Audry 系统,标志着语音信号处理方法的出现。该系统通过提取语音信号的共振峰位置特征参数,采用模拟电路实现对待测样本的匹配识别,成为第一个可以实现英文数字的语音识别系统。从此人们对声音识别做了大量的研究工作,提出了很多行之有效的方法。

由于变电站声音包括各种语音信号和非语音信号等,传统音频处理提取方法存在明显的不足，普遍存在鲁棒性差等问题。针对上述问题，通过对变电站主要电气设备常见异常声音特征及原因的分析，对声音特征采用提取其梅尔频率倒谱系数（MFCC）特征参数作为观测序列的语音信号处理方法，能够很好地提取声音的特征量，避免关键信息的丢失，提高系统的抗噪声性能和识别率。利用声音传感器采集声音信号，并利用数学模型进行建模，使系统能够识别声音信号，及时发现设备的异常运行情况，发出报警信号，从而能够及时地处理。

12.10.2　实现方法

变电站声音识别流程和方法主要涉及预处理、特征提取及分类器设计三个部分，声音识别流程图如图 12-43 所示。

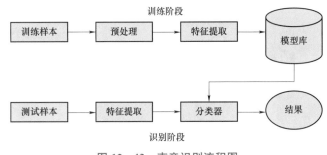

图 12-43　声音识别流程图

1. 预处理

预处理主要包括抑制 50Hz 工频干扰预滤波，信号的分帧、加窗等。在处理变电站异常声音信号的过程中，变电站的背景噪声对信号的干扰是不可忽略的。因此，对于变电站的背景噪声的预处理有两个主要的步骤：① 端点检测，即从背景噪声提取感兴趣的信号片段；② 减小变电站环境噪声对异常声音特征提取的影响。

2. 特征提取

从语音信号中提取出表现语音个性并揭示语音本质的特征，然后对其进行编码，得到特征序列，如何从异常声音信号中找到具有有效"鉴别"能力的特征序列是本书研究的关键部分。

3. 分类器设计

分类器的任务就是将特征提取后得到的参数序列进行模式匹配。特征序列分类器设计的好坏直接影响分类识别的结果，这也是需要深入研究的部分。

目前，对声音的识别方法大多沿用传统的语音信号处理方法，主要采用时域、频域等特征参数进行特征描述。其中，时域特征有过零率、基音周期、短时能量、基音频率等；频域分析有频谱、小波、线谱对分析等。但变电站异常声音中包含一些典型的非语音信号，在变电站异常声音特征提取中存在明显的不足，对于不同发声机理的异常声音泛化性能较差。因此，对变电站异常声音特征提取及识别采用了倒谱域参数，如有感知线性预测倒谱系数、对数频率倒谱系数、梅尔频率倒谱系数等。为了增强特征参数对于语音信号的表征力，还可将各类特征参数进行融合。

声音数字识别的基本模型如图 12-44 所示。首先对样本音频和被识别声音信号进行量化，然后提取声音特征，最后通过对声音特征的匹配比对得出计算结果。

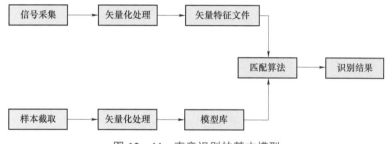

图 12-44　声音识别的基本模型

对两个声音进行相似性识别，是通过两个声音的归一化互相关函数来实现的，其间存在着多种算法，其计算量和样本与被识别声音的量化文件的大小直接相关。根据效率和精确性要求，为了降低计算量，提高识别效率，使其真正达到实用效果，必须减小量化文件的数据。声音的量化可以分为两大类：一类是标量量化，另一类是矢量量化。标量量化是将取样后的信号值逐个进行量化；而矢量量化是将若干个取样信号分成一组，即构成一个矢量，然后对此矢量一次性进行量化。矢量量化在压缩数据的同时一般存在信息的损失，但可以通过量化精度调节。通过矢量量化，能够大幅度减少声音的量化文件大小，从而降低声音匹配识别的计算工作量。

在声音识别技术中，比较典型的声音特征有以下几种：① 幅值（或功率）；② 过零率；③ 邻界带特征矢量；④ 线性预测系数特征矢量（LPC）；⑤ LPC 倒频谱特征矢量（LPCC）；⑥ Mel 倒频谱参数（Mel frequency cepstrum coefficient，MFCC）；⑦ 前 3 个共振峰 F_1，F_2，F_3。

鉴于 Mel 倒频谱参数主要着眼于人耳的听觉特征，利用听觉前端滤波器组模型，能很好地体现间频信号的主要信息，在语音识别、音频分类和检索领域的应用十分广泛，所以选用这一特征参数。MFCC 是在 Mel 标度频率域提取出来的倒频谱参数，它与频率的关系可用以下算式近似表示

$$Mel\,(f)=2595\times\log(1+f/700)$$

式中，f 为频率，单位为 Hz。

参数的提取过程如下。

（1）对音频信号进行分帧和加窗处理，对采集过程或分帧等因素所造成的数据损失予以补偿。

（2）将预处理后的信号进行快速傅立叶变换，将时域信号转换为频域信号，再计算其模的平方得到能量谱。

（3）设计一个具有 M 个带通滤波器的滤波器组，采用三角带通滤波器，中心频率在 $0\sim F/2$ 按 Mel 频率分布；再根据 $Mel(f)$ 频率与实际线性频率 f 的关系计算出三角带通滤波器组 $Hm(k)$。

$$H_m(k)=\begin{cases} 0 & k<f(m-1) \\ \dfrac{2[k-f(m-1)]}{[f(m+1)-f(m-1)][f(m)-f(m-1)]} & f(m-1)\leqslant k\leqslant f(m) \\ \dfrac{2[f(m+1)-k]}{[f(m+1)-f(m-1)][f(m+1)-f(m)]} & f(m)\leqslant k\leqslant f(m+1) \\ 0 & k>f(m+1) \end{cases} \qquad (12-30)$$

其中，$\sum_{m=0}^{M-1}H_m(k)=1$。

则每个滤波器组输出的对数能量为

$$S[m]=\ln\left\{\sum_{k=0}^{N-1}P[k]H_m[k]\right\} \quad 0\leqslant m\leqslant M-1 \tag{12-31}$$

（4）对 $S[m]$ 进行离散余弦变换即得到 MFCC 系数。

$$C[n]=\ln\left\{\sum_{m=0}^{M-1}S[m][\pi n(m+0.5)/m]\right\} \tag{12-32}$$
$$0\leqslant n\leqslant M-1$$

（5）取 $C[1]$，$C[2]$，$C[3]$，$\cdots$，$C[V]$ 作为 MFCC 参数，其中 V 是 MFCC 参数的维数。

鉴于隐马尔可夫模型（hidden markov model，HMM）建模方法具有良好的抗噪性能，也是目前最有效的语音信号识别方法，因此采用 HMM 建模方法建立模型库。HMM 模型是一种时间序列统计建模工具，它能够对非平稳信号变化的规律进行统计并建立参数化模型，另外利用该模型可以方便地进行概率推理。HMM 可以分为两部分：① 一个是 Markov 链，由 π、A 来描述，产生的输出为状态序列；② 另一个是随机过程，由 B 来描述，产生的输出为观测值序列。

一个 HMM 可记为

$$\lambda=(N, M, \pi, A, B) \tag{12-33}$$

式中，N 为模型中 Markov 链的状态数目；M 为每个状态对应的可能的观测值数目；π 为初始概率分布矢量；A 为状态转移概率造成矩阵；B 为观测值概率矩阵。利用 HMM 建模方法建立模型库是一个 HMM 模型训练的过程，从一组训练样本中确定转移概率。为增加系统的稳定性和准确率，需要选取多个样本进行训练，以建立变电站各类设备在异常状态下和正常状态下的声音 HMM 参数模型库。

建立模型库后，系统才具备诊断能力，系统根据给定的 HMM 和它所产生的观测序列，通过匹配算法，决定最有可能产生这个可见观测序列的隐状态序列。在识别过程中，输入待检测音频信号，经过预处理、特征参数提取和矢量量化后，得到观测序列。然后快速有效地计算出观察值序列在各 HMM 模型下的输出概率，概率最大的模型即为识别结果。

12.10.3 检验测试

实际软硬件联合调试应用中的声音样本精度 16bit 的采样率为 44.1kHz，随机选取了 261 组数据作为训练、识别数据。其中，包括 87 组变压器数据、86 组互感器数据和 88 组电容器数据，经过提取 MFCC，三种设备的每帧信号都已转换为 24 维的 MFCC 的特征矢量。HMM 训练共使用了 70 组变压器数据、70 组互感器数据和 73 组电容器数据，剩下的 17 组变压器数据、16 组互感器数据和 15 组电容器数据则用于模型识别，识别结果如表 12-1 所示。

表 12-1   HMM 模型下的识别结果

测试样本类型	识别结果		
	变压器	互感器	电容器
变压器（共 17 组）	16	1	0
互感器（共 16 组）	0	16	0
电容器（共 15 组）	0	0	15

从表 12-1 中可以看出，将 MFCC 及其 HMM 结合起来进行电网声音识别，共使用 48 组数据，正确识别 47 组，识别率达到 98%，而常见实验中，将语音特征参数与神经网络相结合最高识别率只达到 89%左右，而且所需样本较多，计算较复杂，表 12-2 为一组变压器、互感器和电容器的模型测试结果。

由表 12-2 可知，以变压器为例，把一组变压器的 MFCC 特征参数输入到变压器的 HMM 中，得到的对数输出概率为 $-2.566\,0e+004$，而把该数据输入到互感器和电容器的 HMM 中，得到的对数输出概率为 $-2.789\,9e+004$、$-3.161\,1e+004$，分类还是很明显的。可见，选取的 MFCC 特征参数能很好地描述声音信息，而 HMM 模型也具有良好的声音识别效果。

表 12-2   HMM 模型下测试结果

样本类型	输出概率		
	变压器	互感器	电容器
变压器	$-2.566\,0e+004$	$-2.789\,9e+004$	$-3.161\,1e+004$
互感器	$-2.783\,0e+004$	$-2.559\,0e+004$	$-3.466\,4e+004$
电容器	$-2.193\,3e+004$	$-2.672\,2e+004$	$-1.995\,3e+004$

变压器是变电站设备中的核心元件，根据音频监测系统提取的不同故障音频特征，对所发生的故障类型进行诊断，是监测诊断系统的关键功能。为此，在广东电网某 220kV 变电站进行测试实验，1 号主变压器的型号为 OSSZ10-150000/220，2 号主变压器的型号为 OSS9-150000/220，设备均已较为陈旧，紧贴变压器周围设置多个音频监测点，当有故障发生时，提取有效的音频信号，并对其进行特征参数提取，与已验证的故障机理相结合，可监测出的典型故障类型包括：A. 绕组匝间短路/分拨开关故障、B. 线路接地短路、C. 变压器过载严重/大负荷用户频繁启动、D. 穿心螺杆松动、E. 高压套管脏污或釉质脱落、F. 变压器内部缺油。

应用分析算法，提取以上六类典型故障发生时的音频特征，并在模型训练之后存入模型库。并将实时采集的待识别变压器故障音频经过采样、预处理、MFCC 参数提取等步骤，得到待识别序列，然后通过本书算法来计算该序列在每个已训练模型下的概率，识别结果为最大概率所对应的故障类型。表 12-3 为典型故障样本在已训练好的故障模型下的输出概率值。

表 12-3 　　　　　　　　　　　典型变压器故障输出概率

样本类型	输出对数概率值					
	故障 A	故障 B	故障 C	故障 D	故障 E	故障 F
故障 A	−8923	−16 530	−14 651	−23 987	−63 590	−42 986
故障 B	−57 862	−12 586	−38 408	−28 750	−68 832	−48 293
故障 C	−9472	−17 487	−7696	−26 659	−14 865	−32 841
故障 D	−38 974	−28 290	−19 754	−16 358	−34 289	−47 199
故障 E	−21 711	−37 218	−11 788	−27 328	−7483	−16 241
故障 F	−14 836	−21 807	−9876	−23 245	−21 811	−3490

由表 12-3 可知，不同故障音频在其相对应的故障模型下的对数概率值最大，而在其他模型下的取值都较小，这也验证了 HMM 分类算法的有效性，可实现对变压器故障类型的准确判别。由于变压器故障原理较为复杂，不同故障机理可能呈现出相类似的音频特征，如故障 B 实际上包括变压器绕组匝间短路和分拨开关故障两类，所提取的音频特征较为类似，这也说明故障诊断本身的复杂性。

利用声学原理，使用声音传感器对变电站异常声音进行检测。对声音传感器采集到的声音进行处理，提取出音频信号的 MFCC 特征参数组成观测序列，利用隐马尔可夫模型对观测序列进行建模，对变电站声音传感器采集到的实时音频信号上传到监测中心进行状态识别，判断其中可能存在的异常声音并发出警报。经过本书的研究，变电站声音探测诊断系统在生产实际中有较强的应用前景，也具有良好的声音识别效果。

12.11　机器人自动充电

12.11.1　技术原理

变电站机器人在完成自主充电时，机器人实现充电对准对机器人的安全性能至关重要，利用视觉理论中的 Hough 变换算法进行直线检测，进而精确地控制机器人的姿态，以便实现充电对准。在应用中基于视觉检测方法，用可见光相机对特征目标靶杆进行拍照，然后用 Hough 变换算法对图片进行直线检测，根据直线在图片中偏离中心点的距离计算出车体应该调整的角度，进而引导车体靠近充电桩，实现插头和插槽的准确对接。

12.11.2　实现方法

基于视觉的机器人自主充电对准方法，首先用可见光相机对特征目标靶杆进行拍照，然后用 Hough 变换算法对图片进行直线检测，充电对准方法示意图，如图 12-45 所示。首先将图片进行二值化处理，由式（12-34）将图像空间转换为参数空间，用投票的方式找出参数空间中票数最多的一个点，也就对应图像空间中的一条直线。

$$\rho = x\cos\theta + y\sin\theta \qquad (12-34)$$

假设得到的图像如图 12-46 所示，检测出来的直线偏离中心线 dx，根据 dx 计算出车体应该调整的角度，进而引导车体靠近充电桩，充电桩设计成前面为圆弧形状，用来保证在角度偏离中心线的时候，插头和插槽也能充分结合。在特征目标靶杆上均匀地镶嵌红外线二极管，这样即使是在夜间或光照不足的情况下，可见光相机也能检测到目标靶杆。

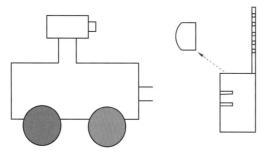

图 12-45　充电对准方法示意图

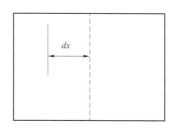

图 12-46　视觉校正过程图

通过实地测试，证实了自主充电机器人的充电对准方法，可以有效地提高机器人充电对接的精度，使机器人充电过程更加安全可靠。

12.12　充电房自动控制

12.12.1　自动门控制

变电站机器人充电房若不装设房门，恶劣天气会影响充电室的设备安全运行，无法保证机器人充电的长期可靠性。充电室装上了房门，如果依靠人工为机器人打开或关闭充电房门，则耗时费力，且降低了机器人的工作效率和智能化程度，故充电房应配备自动门，并与巡检任务联动，这是实现机器人长期自主运行必须要解决的问题。

自动卷帘门包含电动卷帘、光电传感器和光电开关，光电传感器用于感应卷帘门升降位置，光电开关用于探测卷帘门处有无物体遮挡，其结构组成原理图如图 12-47 所示。

在变电站巡检机器人没有进入充电房时，充电插座上的电源处于断路状态；当变电站巡检机器人进入充电房，充电插头对接完成后，充电电源开始接通，并进入充电状态，这样可保证外露的充电座在非工作时段处于安全断电状态。

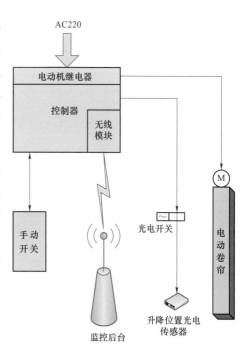

图 12-47　自动卷帘门的结构组成原理图

12.12.2　自动充电控制

为最大限度地延长锂电池的使用寿命，充电柜采用恒流定压的均衡充电模式对蓄电池进行充电，即先以恒定的电流对电池进行充电，电流的大小由用户设定，电池在恒流充电中，电压不断上升，当电池组电压达到用户设定的电压值时，充电柜自动转换为对电池组进行恒压补充充电状态，充电电流值不断减小，持续对电池组进行均衡充电 1～2h 结束。从开始的恒流充电到后来的定压充电，以及充电结束这一过程，可在监控后台实时监测电池电量、实时充电电流、实时电池温度、单芯电压等电池信息，充电柜外形结构如图 12－48 所示。

可采用充电房系统性技术解决方案，更好地实现变电站巡检机器人在无人干预的情况下长期可靠地自动充电，具有较高的可靠性。

图 12－48　充电柜外形结构

第13章 变电站机器人巡检应用工程实施

13.1 现 场 勘 查

（1）确认充电房位置：根据站内设备分布、道路及两旁特征物和巡检便利性等信息选取充电房最优的安装位置。

（2）确认无线网桥架设位置：根据变电站建筑物实际情况选择无线通信设施的安装位置。

（3）勘察巡检道路情况：视道路连通性、台阶高度等因素决定是否改造道路。

（4）进行巡检路线分析：根据站内设备布置情况，初步确定巡检路线。

13.2 任 务 规 划

开展变电站机器人巡检路线规划方案制定时，应根据待巡检设备分布位置（设备本地所处位置情况和仪表朝向情况）、巡检道路情况（是否有台阶或低洼地带），以及与站内人员沟通的情况（充电房安置位置情况和重点需巡检设备），以充电房位置为路线起点进行站内巡检路线的规划，实现巡检路径最优的方案规划。

13.3 设 备 安 装

1. 充电房安装

机器人充电房作为机器人的能源补给场所，充电房内设有自动充电装置，并配有机器人能够自动开启和关闭的门禁系统。一种机器人充电房的外形尺寸为 2.0m（宽）×2.5m（长）×2.8m（高），采用一体化箱式结构，安装在变电站高压设备区的空地上，所在位置比站内主干道高，修筑的地基自然放坡与站内道路相连。

充电房选址的原则如下。

（1）靠近主控室，施工安装和调试方便。

（2）选择平整地面，避免坑洼明显地带。

（3）不宜过于远离巡检区域。

充电房及配套设施的安装流程如下。

（1）充电房安装。首先需清理充电房安装区域的杂物，并保证安装面的平整，以保证充电房安装平稳，最后通过高强度紧固件将充电房固定于事先规划好的安置区域。

（2）充电房总电源安装。总电源线根据现场位置就近引入，电源线埋设时用 PVC（poly

vinyl chloride，聚氯乙烯）穿管保护。从充电房底部电缆层走线，进入充电房后顺着室内线槽接至配电箱，门禁系统电源线、照明灯电源线和充电柜电源线均顺着室内线槽走线，每根线需要有详细的永久性标签。

（3）自动充电装置安装。首先需清理充电房地板上表面，保持安装面的清洁；其次调平充电柜安装面，以保证自动充电装置安装平稳，最后利用高强度紧固件将充电柜固定于底座上。充电柜的电源使用交流电源，由配电箱引入，额定电压为交流 220V，允许幅值偏差为 $-10\%\sim+10\%$。

充电房安装位置选取应根据现场勘查情况，确定最终安置点。例如，在广东电网某 500kV 变电站应用时，充电房计划安置于变电站水泵房旁，如图 13-1 和图 13-2 所示，电源线取自水泵房。

图 13-1　充电房计划安置位置

图 13-2　充电房现场安置情况

2. 无线网桥和气象传感器安装

无线网桥和微气象设备是变电站巡检机器人的辅助设备，分别承担着巡检系统的无线通信和环境监测功能。无限网桥和微气象设备均采用户外使用环境设计，防护等级达到 IP55，可安装在站内建筑物顶端，支架底部由地脚螺栓固定，电源及数据线连接至本地监控后台所在位置（信号线走线部分通过 PVC 管穿线保护）。

为便于与后台监控设备的有线连接，通常将无线网桥和气象数据采集装置安装在站内主控楼顶层，支架底部由地脚螺栓固定，电源及数据线沿墙壁套管走线，连接至监控后台，如图 13－3 和图 13－4 所示。

图 13－3　变电站主控楼

图 13－4　无线网桥和气象传感器安装示意图

3. 监控后台安装

本地监控后台主要由计算机、路由器、鼠标、键盘、扬声器和传声器等组成，所有设备均可放置在一台办公桌或操作台上，计算机和无线网桥均由网线连接至路由器上，路由器可连接至电力系统内部网。

13.4　巡　检　准　备　工　作

1. 监控后台客户端软件部署

变电站巡检系统的监控后台客户端软件部署基本流程：① 安装操作系统；② 配置操作系统；③ 运行环境安装；④ 安装并配置客户端软件。

2. 变电站巡检地图构建

变电站巡检机器人地图构建，通过遥控机器人在现场行走，借助后台控制软件自动生成，不需要改动变电站内部环境，不需要改动变电站路面，不影响变电站原有的设备设施的正常运行，巡检地图和任务点设定现场情况如图 13-5 所示。

图 13-5　巡检地图和任务点现场设定情况

变电站智能巡检地图的构建步骤如下。

（1）选择地图原点。

选择一个变电站中方便巡检机器人巡检的位置作为地图构建原点，原点的选取一般靠近充电房。

（2）初始化激光雷达设备。

开启巡检机器人激光雷达传感器传输功能，完成激光雷达传感器功能的初始化。

（3）采集地图构建数据。

遥控机器人按照规划巡检线路，绕整个变电站中行走一圈，机器人自动记录所有设备及建筑物地理信息，进而完成整个地图构建数据的采集。

（4）自动生成地图。

完成地图构建数据的采集之后，开启巡检机器人地图生成程序，巡检机器人将自动生成变电站巡检地图。

（5）设定巡检点与巡检路线。

地图构建完成后，根据变电站内需要巡检的设备类型及数量，设定巡检点，并优化巡检路线。巡检机器人巡检流程图，如图 13-6 所示。

（6）巡检测试工作。

按照标定完成的最优路线，对变电站设备的巡检点进行测试，查找遗漏，调整巡检路线，保证设备巡检点的全覆盖。

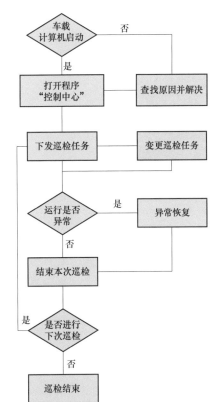

图 13-6　机器人巡检流程图

13.5　工程实施计划

机器人如采用激光雷达无轨导航巡检，不需要破坏站内路面，不影响站内设备的正常运行。在某 220kV 变电站现场应用变电站巡检机器人时的典型进度计划，如表 13－1 所示。

表 13－1　　　　　　　　　　现场应用进度计划

名称	工作内容	计划用时	备注
现场勘查	勘查现场变电站实际环境，设计给出最优巡检方案	3 天	设备进场前 3 天进行
现场设备安装	安装充电房、无线通信设施、后台监控系统等	5 天	设备安装、调试同时开展
现场设备调试	构建地图、巡检点标定建模、路径规划等	10 天	
完工巡检测试	对所有检测点进行全覆盖检验	15 天	测试完成后可实现自动巡检应用

13.6　应用调试流程

变电站机器人智能巡检应用调试流程，如图 13－7 所示。

为了节约调试时间，现场应用和部分调试工作可同步进行，如地图构建与监控后台软件部署可同步开展，具体的实施流程如下。

（1）首先构建激光点云地图、构建巡检点分布图，在此期间客户端软件部署可同步进行。

（2）标定路径及验证，通过现场标定点，并及时验证。

（3）标定巡检点，使机器人通过导航行走在设置的路线上，转动云台到合适角度，实现良好的设备观测，并标记该点位置和云台角度。

（4）关联设备，通过标定的巡检点信息、分布图、激光点云地图及标定顺序关联设备，并注意添加每个巡检点的优先级。

（5）仪表建模，关联设备后，筛选出仪表

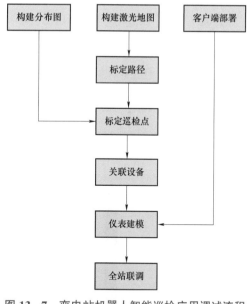

图 13－7　变电站机器人智能巡检应用调试流程

设备，通过客户端发送巡检仪表设备任务，获取巡检图片，并根据巡检图片建立仪表模型，实现自动读表。

（6）全站联调，发送巡检任务，包括机器人自主充电、任务执行和返航等任务。

第14章 变电站机器人巡检应用实践

14.1 红外检测电流致热型发热缺陷

利用机器人平台搭载的红外热成像仪,对关注设备进行红外检测,测量画面中一个小区域内的最高温并记录,判断是否存在单相绝对温度异常和相间相对温差异常的缺陷。机器人自动记录的数据包括红外图像的原始测温数据、红外伪彩色渲染的普通图片、同方向的广角可见光相片、指定测试区域内的最高温度值等。

14.1.1 单相绝对温度测量

1. 刀闸连接点红外测温

110kV 清玉甲线线路侧 1214 刀闸 – C 相 – CT 侧连接板红外测温结果如表 14-1 和图 14-1 所示。

表 14-1　110kV 清玉甲线线路侧 1214 刀闸 – C 相 – CT 侧连接板红外测温结果

设备名称	110kV 清玉甲线线路侧 1214 刀闸 – C 相 – CT 侧连接板	巡检类型	红外测温
设备下限值	0	设备上限值	100℃
巡检值	17.29℃	状态判断	正常

图 14-1　110kV 清玉甲线线路侧 1214 刀闸 – C 相 – CT 侧连接板红外测温结果

110kV 清玉甲线线路侧 1214 刀闸 – C 相 – CT 侧连接板可见光图如图 14-2 所示。

2. CVT 连接点红外测温

500kV 纵宝乙线 CVT C 相连接点红外测温结果如表 14-2 和图 14-3 所示。

图 14-2　110kV 清玉甲线线路侧 1214 刀闸-C 相-CT 侧连接板可见光图

表 14-2　　　　　　　　　　　500kV 纵宝乙线 CVT C 相连接点红外测温结果

设备名称	500kV 纵宝乙线 CVT C 相连接点温度	巡检类型	红外测温
设备下限值	0	设备上限值	100℃
巡检值	33.3℃	状态判断	正常

500kV 纵宝乙线 CVT C 相连接点可见光图如图 14-4 所示。

图 14-3　500kV 纵宝乙线 CVT C 相连接点
红外测温结果

图 14-4　500kV 纵宝乙线 CVT C 相连接点
可见光图

3. T 型线夹红外测温

110kV 清龙线出线间隔-A 相-Ⅱ母侧刀闸Ⅱ母侧引下线 T 型线夹红外测温结果如表 14-3 和图 14-5 所示。

表 14-3　　　　　　　　　　110kV 清龙线出线间隔-A 相-Ⅱ母侧刀闸
Ⅱ母侧引下线 T 型线夹红外测温结果

设备名称	110kV 清龙线出线间隔-A 相-Ⅱ母侧刀闸Ⅱ母侧引下线 T 型线夹	巡检类型	红外测温
设备下限值	0	设备上限值	100℃
巡检值	35.17℃	状态	正常

110kV 清龙线出线间隔–A 相–Ⅱ 母侧刀闸Ⅱ 母侧引下线 T 型线夹可见光图如图 14–6 所示。

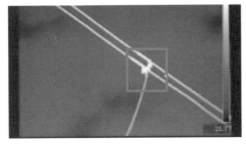
图 14–5 110kV 清龙线刀闸线夹红外测温结果

图 14–6 110kV 清龙线刀闸线夹可见光图

4. 耐张线夹红外测温

110kVⅠ段母线构架（5）–C 相–耐张线夹的红外测温结果如表 14–4 和图 14–7 所示。

表 14–4　　　　　110kVⅠ段母线构架（5）–C 相–耐张线夹红外测温结果

设备名称	110kVⅠ段母线构架（5）–C 相–耐张线夹	巡检类型	红外测温
设备下限值	0	设备上限值	100℃
巡检值	32.86℃	状态	正常

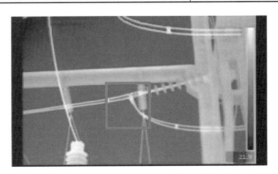
图 14–7 110kVⅠ段母线构架（5）–C 相–耐张线夹红外测温结果

110kVⅠ段母线构架（5）–C 相–耐张线夹的可见光图如图 14–8 所示。

图 14–8 110kVⅠ段母线构架（5）–C 相–耐张线夹可见光图

5. 电流互感器引线发热

某2号主变压器220kV侧电流互感器A相温度红外测温结果如表14-5和图14-9所示。

表14-5　　　　　2号主变压器220kV侧电流互感器A相温度红外测温结果

设备名称	2号主变压器220kV侧电流互感器A相温度	巡检类型	红外测温
设备下限值	0	设备上限值	100℃
巡检值	28.4℃	状态	需关注
诊断分析	电流互感器引线相对环境温度上升9.5℃，三相温差接近2℃，需关注引线发热与负荷关联情况		

高清图片	红外图片
	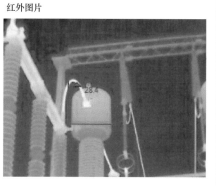

图14-9　2号主变压器220kV侧电流互感器A相温度红外和可见光检测结果

14.1.2　相间温度对比测量

110kV清横甲线出线间隔-A相-断路器引下线T型线夹红外测温结果如表14-6和图14-10、图14-11所示。

表14-6　　110kV清横甲线出线间隔-A相-断路器引下线T型线夹红外测温结果

设备名称	110kV清横甲线出线间隔-A相-断路器引下线T型线夹	巡检类型	红外测温
设备下限值	0	设备上限值	100℃
巡检值	50.35℃	状态	异常
诊断分析	根据三相温差对比分析，B相、C相对应温度分别为32.15℃和30.95℃，A相（50.35℃）相对温差超过15K，属一般缺陷		

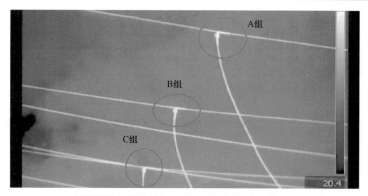

图14-10　110kV清横甲线出线间隔-A相-断路器引下线T型线夹红外测温结果

图 14-11　110kV 清横甲线出线间隔-A 相-断路器引下线 T 型线夹可见光检测结果

14.1.3　HGIS 站 SF_6 罐体测温

某 HGIS 站 1 号主变压器 SF_6 罐体红外测温结果如表 14-7 和图 14-12 所示。

表 14-7　　　　　　　　　　　SF_6 罐体红外测温结果及天气情况

设备名称	1 号主变压器变高 B 相 SF_6 罐体温度		
设备类型	红外测温	所属区域	4 号主变压器变高
巡检值	42.0℃	状态	正常
温升	6.90℃	三相最大差值	0.50K
诊断分析	1 号主变压器变高 B 相 SF_6 罐体温度设备属于红外测温类型，设备巡检值为 42.0℃，三相对比差值 0.5℃，设备状态正常		

名称	巡检值	差值
1 号主变压器变高 A 相 SF_6 罐体温度	41.5℃	0.50℃
1 号主变压器变高 C 相 SF_6 罐体温度	41.9℃	0.10℃

温度	35.1℃	湿度	62.2%
天气状况	晴天	气压	1002.7hPa
风力	0.7m/s	风向	东南风 126.1°

高清图片　　　　　　　　　　　红外图片

图 14-12　SF_6 罐体可见光和红外检测结果

14.2　可见光检测开关分合闸状态

变电站智能巡检机器人对存在二值状态的指示标志或设备位置状态进行自动识别，通常用来对开关分合闸状态、储能状态、刀闸分合闸状态等进行识别。储能状态与开关分合闸状态的检测方法类似。机器人记录的数据包含识别区域的稍大范围的可见光图片、叠加了识别结果的识别区域放大图像及识别结果。

14.2.1　刀闸开合状态识别

1. 刀闸合闸状态识别

110kV 清小线 I 母线侧刀闸－C 相－触头分合闸状态及识别结果如表 14－8 及图 14－13、图 14－14 所示。

表 14－8　　　　110kV 清小线 I 母线侧刀闸－C 相－触头分合闸状态识别

设备名称	110kV 清小线 I 母线侧 刀闸－C 相－触头	巡检类型	刀闸分合状态
设备下限值	0	设备上限值	100
巡检值	合	状态	正常

图 14－13　110kV 清小线 I 母线侧刀闸－
C 相－触头分合闸状态可见光图

图 14－14　110kV 清小线 I 母线侧刀闸－
C 相－触头分合闸状态识别结果

2. 刀闸分闸状态识别

110kV 旁路 I 母线侧 1901 刀闸－A 相－触头分合闸状态及识别结果如表 14－9 及图 14－15、图 14－16 所示。

表 14－9　　　　110kV 旁路 I 母线侧 1901 刀闸－A 相－触头分合闸状态识别

设备名称	110kV 旁路 I 母线侧 1901 刀闸－A 相－触头	巡检类型	刀闸分合状态
设备下限值	0	设备上限值	100
巡检值	分	状态	正常

图 14-15　110kV 旁路 I 母线侧 1901 刀闸 – A 相 – 触头分合闸状态可见光图

图 14-16　110kV 旁路 I 母线侧 1901 刀闸 – A 相 – 触头分合闸状态识别结果

14.2.2　开关分合状态识别

1. 符号型开关分合状态识别

110kV 母联 100 开关 – 分合闸状态及识别结果如表 14-10 和图 14-17、图 14-18 所示。

表 14-10　　　　　　　　　　110kV 母联 100 开关 – 分合闸状态识别

设备名称	110kV 母联 100 开关 – 分合闸位置	巡检类型	开关分合表
设备下限值	0	设备上限值	100
巡检值	分	状态	正常

图 14-17　110kV 母联 100 开关 –
分合闸状态可见光图

图 14-18　110kV 母联 100 开关 –
分合闸状态识别结果

2. 文字型开关分合状态识别

500kV 第一串联络 5012 开关 1M 母线侧 501217 接地刀闸 A 相分合闸状态及识别结果如表 14-11 和图 14-19、图 14-20 所示。

表 14-11　　　　　500kV 第一串联络 5012 开关 1M 母线侧 501217
接地刀闸 A 相 500kV 地刀分合闸状态识别

设备名称	分合字符	巡检类型	开关分合表
设备下限值	0	设备上限值	100
巡检值	分	状态	正常

图 14-19　500kV 地刀分合状态可见光图　　　图 14-20　500kV 地刀分合状态识别结果

14.3　可见光检测表计读数

变电站机器人对表计、可确定上下限及指示位置的指示装置进行识别，一般用来读取各类指针式、数字式的仪表盘面的指示数据。部分油位计没有明确的数值意义时，建议用状态识别来进行处理。机器人记录的数据包含识别区域的稍大范围的可见光图片、叠加了识别结果的识别区域放大图像及识别结果。

14.3.1　SF_6 气压表

1. 普通型 SF_6 气压表

110kV 母联 100 开关-SF_6 气压表读数识别结果如表 14-12 和图 14-21、图 14-22 所示。

表 14-12　　　　　110kV 母联 100 开关-SF_6 气压表读数检测

设备名称	110kV 母联 100 开关-SF_6 气压表	巡检类型	SF_6 气压表
设备下限值	0	设备上限值	10bar
巡检值	5.94bar	状态	正常

2. 镂空型 SF_6 气压表

220kV 清燕甲线开关-SF_6 气压表识别结果如表 14-13 和图 14-23 所示。

图 14-21　110kV 母联 100 开关-SF₆　　　图 14-22　110kV 母联 100 开关-SF₆
　　　　　　气压表读数图　　　　　　　　　　　　　　　气压表读数

表 14-13　　　　　　　　　　220kV 清燕甲线开关-SF₆气压表读数检测

设备名称	220kV 清燕甲线开关-SF₆气压表	巡检类型	SF₆气压表
设备下限值	0	设备上限值	10bar
巡检值	6.72bar	状态	正常

图 14-23　220kV 清燕甲线开关-SF₆气压表读数识别结果

110kV 清玉乙线 132-开关-SF₆气压表识别结果如表 14-14 和图 14-24 所示。

表 14-14　　　　　　　　　110kV 清玉乙线 132 开关-SF₆气压表读数检测

设备名称	110kV 清玉乙线 132 开关-SF₆气压表	巡检类型	SF₆气压表
设备下限值	0	设备上限值	1bar
巡检值	0.65bar	状态	正常

图 14-24　110kV 清玉乙线开关-SF₆气压表读数识别结果

14.3.2 避雷器泄漏电流表

500kV 蝶五甲线避雷器电流表读数检测结果如表 14-15 和图 14-25 所示。

表 14-15　　　　　　　　　500kV 蝶五甲线避雷器电流表读数检测

设备名称	500kV 蝶五甲线避雷器 全电流指示器 A 相	巡检类型	避雷器泄漏电流
设备下限值	0	设备上限值	3.0mA
巡检值	3.04mA	状态	一般缺陷
诊断分析	500kV 蝶五甲线避雷器全电流读数超过 3mA 警示值，属一般缺陷		

图 14-25　500kV 蝶五甲线避雷器电流表可见光图和读数识别结果

220kV 回清甲线避雷器电流表读数识别结果如表 14-16 和图 14-26、图 14-27 所示。

表 14-16　　　　　　　　　220kV 回清甲线避雷器电流表读数检测

设备名称	220kV 回清甲线避雷器- 泄漏电流表	巡检类型	避雷器泄漏电流
设备下限值	0	设备上限值	1.0mA
巡检值	0.50mA	状态	正常

图 14-26　220kV 回清甲线避雷器
电流表读数可见光图

图 14-27　220kV 回清甲线避雷器
电流表读数识别结果

某 2 号主变压器变中避雷器电流表读数识别结果如表 14-17 和图 14-28、图 14-29 所示。

表 14-17　　　　　　　　　　　2 号主变压器变中避雷器电流表读数检测

设备名称	2 号主变压器变中避雷器-泄漏电流表	巡检类型	避雷器泄漏电流
设备下限值	0	设备上限值	1.0mA
巡检值	0.42mA	状态	正常

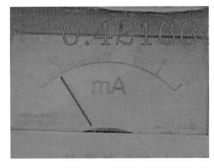

图 14-28　2 号主变压器变中避雷器
电流表读数可见光图

图 14-29　2 号主变压器变中避雷器电流表
读数识别结果

14.3.3　指针式避雷器计数器

1 号主变压器变中避雷器计数器读数识别结果如表 14-18 和图 14-30、图 14-31 所示。

表 14-18　　　　　　　　　　　指针式避雷器计数器读数检测

设备名称	1 号主变压器变中避雷器-A-动作次数	巡检类型	避雷器动作次数表
设备下限值	0	设备上限值	100
巡检值	4.96	状态	正常

图 14-30　指针式避雷器计数器可见光图

图 14-31　指针式避雷器计数器读数识别结果

14.3.4　数字式避雷器计数器

500kV 纵宝乙线避雷器计数器读数识别结果如表 14-19 和图 14-32、图 14-33 所示。

表 14-19　　　　　　　　　　数字式避雷器计数器读数检测

设备名称	500kV 纵宝乙线避雷器 C 相动作次数	巡检类型	避雷器动作次数表
设备下限值	0	设备上限值	100
巡检值	21	状态	正常

图 14-32　数字式避雷器计数器可见光图

图 14-33　数字式避雷器计数器
读数识别结果

14.3.5　油位表

1. 500kV 变压器油枕油位表

某 4 号主变压器 A 相油枕油位表识别结果如表 14-20 和图 14-34 所示。

表 14-20 4号主变压器 A 相油枕油位表读数检测

设备名称	4号主变压器 A 相油枕油位表		
设备类型	油位表	所属区域	其他
巡检值	0.6	状态	正常
诊断分析	4号主变压器 A 相油枕油位表巡检值为0.6，设备状态正常		

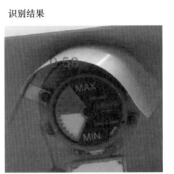

图 14-34 4号主变压器 A 相油枕油位表可见光图和读数识别结果

2. 110kV 电流互感器油位表

110kV 清小线电流互感器油位表读数识别结果如表 14-21 和图 14-35、图 14-36 所示。

表 14-21 110kV 清小线电流互感器油位表读数检测

设备名称	110kV 清小线 TA-B 相-油位表	巡检类型	油位表（温度）
设备下限值	-30	设备上限值	70
巡检值	17.77	状态	正常

图 14-35 110kV 清小线电流互感器
油位表可见光图

图 14-36 110kV 清小线电流互感器
油位表读数识别结果

14.4 人 工 辅 助 诊 断

14.4.1 红外检测电压致热型缺陷

变电站内部分设备存在电压致热型缺陷，具有温升小、出现位置不易被发现或确定、发热部位一般不是最高温点等特点，通常情况下不易利用机器人完成自动化的诊断。机器人记录的数据为可能存在电压致热型缺陷设备的红外数据（尽量包含多台设备以便进行相间比较）。

目前，通过机器人检查电压致热型缺陷，通常采用人工辅助方式，定期检查容易产生电压致热型缺陷部位的红外图像，判断是否存在疑似缺陷的情况。

某220kV出线间隔电流互感器红外诊断结果如表14-22和图14-37所示。

表14-22　　　　　　　　220kV出线间隔电流互感器红外诊断结果

设备名称	220kV 出线间隔电流互感器	巡检类型	红外测温
巡检值	/	状态	异常温升
诊断分析	人工辅助诊断分析，220kV 出线间隔电流互感器存在类似的局部温升情况，最大局部温升达2℃，后续需结合天气状况进行跟踪测量，关注温度变化趋势，有条件时结合设备停电对套管表面进行清洗处理，再观测温度情况		

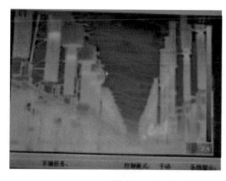

图14-37　220kV出线间隔电流互感器红外诊断图

14.4.2 可见光检测设备外观缺陷

外观检查主要用来诊断设备外观上是否存在损坏、锈蚀、渗漏油等缺陷，部分表计识别异常的情况也能检查出表计密封不良等缺陷。受限于图像识别的技术水平，目前还需要人工查阅照片完成检查。部分检查项目正在开展自动化诊断功能。

1. 玻璃绝缘子自爆检查

机器人记录的数据为包含整串绝缘子的可见光相片。目前仍需要人工查阅图片检查是否存在绝缘子自爆现象。

某110kV Ⅰ段母线构架（5）-A相-小号侧绝缘子串检查结果如表14-23和图14-38所示。

表 14-23 110kVⅠ段母线构架（5）-A 相-小号侧绝缘子串检查

设备名称	110kVⅠ段母线构架（5）-A 相-小号侧绝缘子串	巡检类型	可见光
设备下限值	0	设备上限值	100
巡检值	/	状态	正常

图 14-38 110kVⅠ段母线构架（5）-A 相-小号侧绝缘子串可见光图

某 220kV Ⅲ段母线构架（2）-C 相-大号侧绝缘子串检查结果如表 14-24 和图 14-39 所示。

表 14-24 220kV Ⅲ段母线构架（2）-C 相-大号侧绝缘子串检查

设备名称	220kV Ⅱ段母线构架（2）-C 相-大号侧绝缘子串	巡检类型	可见光
设备下限值	0	设备上限值	100
巡检值	/	状态	正常

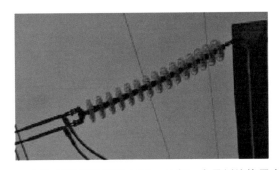

图 14-39 220kV Ⅲ段母线构架（2）-C 相-大号侧绝缘子串可见光图

某 220kV IM 段母线构架（3）-C 相-出线侧绝缘子串检查结果如表 14-25 和图 14-40 所示。

表 14-25 220kV IM 段母线构架（3）-C 相-出线侧绝缘子串检查

设备名称	220kV IM 段母线构架（3）-C 相-出线侧绝缘子串	巡检类型	可见光
设备下限值	/	设备上限值	/
巡检值	人工辅助判断	状态	异常

图 14-40　220kV IM 段母线构架（3）-C 相-出线侧绝缘子串可见光图

2. 刀闸合闸不到位诊断

变电站内的刀闸形式多样，目前不易实现合闸到位程度的自动检查，需要人工查阅巡检照片做出初步判断，红外测温的诊断结果可作为辅助判据。部分刀闸在拐臂等机械装置上做了画线标记，或者加装了拐臂位置指示装置，可以转化为表计识别的方式，自动判断合闸到位的程度。

110kV 清小线刀闸分合闸状态检测结果如表 14-26 及图 14-41～图 14-43 所示。

表 14-26　　　　　　　　　　110kV 清小线刀闸分合闸状态诊断

设备名称	110kV 清小线 I 母线侧 1221 刀闸-C 相-触头	巡检类型	刀闸分合状态
巡检值	合	状态	正常
诊断分析	人工辅助诊断分析，刀闸存在疑似合闸不到位的问题，需人工核实；另外，刀闸红外测温结果显示：触头温度为 25.30℃，刀闸两侧连接板温度分别为 24.39℃ 和 23.59℃，由于拍摄距离和红外探测设备分辨率和自动对焦效果的限制，拍摄的红外测温图片略显模糊		

图 14-41　110kV 清小线刀闸分合闸状态可见光图

图 14-42　110kV 清小线刀分合闸状态识别结果

图 14-43　110kV 清小线刀闸红外图像

3. 仪表密封性不良或表明脏污检查

变电站智能巡检机器人在进行表计识别的过程中，对于某些读数异常（如压力表的读数过高或过低），或与历史数据、同类设备表计数据有明显不一致的情况时，应进行人工复查。此时可能检查出仪表存在密封不良、外表脏污等情况。

（1）仪表密封性不良诊断。

某110kV母线避雷器计数器状态检测结果如表14−27和图14−44、图14−45所示。

表14−27　　　　　　　　　　110kV母线避雷器计数器状态检测

设备名称	110kV I 段母线避雷器−C−泄漏电流表	巡检类型	避雷器泄漏电流
设备下限值	0	设备上限值	1.0mA
巡检值	0.43mA	状态	正常
诊断分析	避雷器泄漏电流和动作次数监测器内表面水珠凝结，影响图像识别效果；监测器内部水珠凝结，可判断监测器密封性不够		

图14−44　110kV母线避雷器计数器可见光图

图14−45　110kV母线避雷器计数器读数识别结果

（2）仪表表面脏污诊断。

某1号主变压器变中避雷器计数器状态检测结果如表14−28和图14−46、图14−47所示。

表14−28　　　　　　　　　　1号主变压器变中避雷器计数器状态检测

设备名称	1号主变压器变中避雷器−C−泄漏电流表	巡检类型	避雷器泄漏电流表
设备下限值	0	设备上限值	5mA
巡检值	1.79mA	状态	异常
诊断分析	避雷器监测器仪表表面存在脏污，影响机器人对泄漏电流表指针的识别，出现误判情况		

（3）仪表表盘模糊。

500kV阳五甲线避雷器计数器状态检测结果如表14−29和图14−48所示。

图 14-46 1号主变压器变中避雷器
计数器可见光图

图 14-47 1号主变压器变中避雷器
计数器读数识别结果

表 14-29　　　　　　　　　　500kV 阳五甲线避雷器计数器状态检测

设备名称	500kV 阳五甲线避雷器全电流指示器 C 相	巡检类型	避雷器泄漏电流表
设备下限值	0	设备上限值	10mA
巡检值	2.18mA	状态	正常
诊断分析	避雷器监测器仪表表盘模糊、表面脏污，影响机器人对泄漏电流表指针的识别。同时，避雷器全电流指示器的雷电放电次数表盘模糊，无法读取放电次数		

图 14-48 500kV 阳五甲线避雷器计数器可见光图和读数识别结果

4. 金属外壳锈蚀检查

在定期人工复查设备外观相片的过程中，可以识别出部分严重锈蚀的设备，如图 14-49～图 14-51 所示。与此类似可以检查出发生渗漏油情况的设备。

图 14-49 220kV 避雷器锈蚀情况

图 14-50 互感器 B 相锈蚀情况

图 14-51 互感器 A 相锈蚀情况

14.5 音频检测设备异常振动或噪声

机器人记录的数据包括音频检查设备的整体红外数据及伪彩色渲染图片、广角可见光相片及音频数据（可播放，后台软件显示为时域波形及频谱图）。某 2 号主变压器音频检测结果如表 14-30 和图 14-52～图 14-54 所示。

表 14-30　　　　　　　　　　2号主变压器音频检测结果

设备名称	2 号主变压器音频检测——	巡检类型	红外测温
设备下限值	0	设备上限值	100℃
巡检值	37.01℃	状态	正常

图 14-52　2 号主变压器红外图像

图 14-53　2 号主变压器可见光图

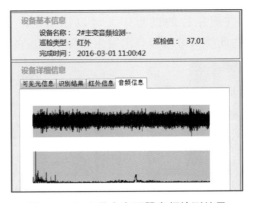

图 14-54　2 号主变压器音频检测结果

诊断分析：由于还没有设备音频故障模板，巡检结果暂时显示设备音频的时域和频域波形，并输出设备红外测温的最高值。

14.6　巡检应用中发现问题及改进

巡检机器人采集并存储了大量的巡检图片和数据，为掌握设备运行状态提供了有效支撑。在变电站现场进行机器人调试的过程中，对巡检系统存在的技术问题，如机器人运行过程中受外物干扰脱离航线、无线信号连接不稳定、表计读取准确率不够、机器人转弯卡涩等问题，通过重构了导航软件、优化仪表识别算法和将无线通信设备更换为性能更加稳定的进口产品，机器人性能得到了极大的改善。

1. 机器人运行中偏出航线

机器人在巡检运行过程中，受到外部干扰，如人员围观时，发生过机器人激光雷达受干扰，机器人出现了脱离巡检路线的问题，经分析导航计算机记录的传感器、通信等数据，发现机器人里程计输出数据在出现异常时刻偶发一次跳变，由于跳变数值大于40m，恰好达到下个转弯点的设定坐标，造成程序误判为此时机器人已到达转弯点，因此执行转弯动作。此后随着机器人的移动，里程数据仍按照跳变后的数值继续累加，这就造成了转弯后，机器人继续前行的问题。

采取的解决措施如下。

（1）里程数据是由车体控制板发送至导航计算机的，在车体控制板软件中增加里程数据跳变判别和滤除程序，当里程数据变化量大于正常设定速度应有的变化量时，即时滤除异常数据。

（2）在接收里程数据的导航计算机中也增加里程数据跳变判别和异常情况处理程序，当导航计算机判断出接收到的里程数据发生跳变时，将按照前一帧的正常数据累加预测值来取代异常数据，如果里程数据仍按照跳变后的数值继续累加，则导航计算机将按照里程数据增量来继续累加里程数值。

（3）将ICP算法用于巡检机器人的前期地图拼接和导航过程中的机器人定位，ICP算法具有逻辑简单，且精度较高、易于实现的特点，算法自身具有稳定性和鲁棒性。

采用以上解决措施后，机器人运行中的抗干扰能力大大增强，并且实现了任意角度折线路径的行走。

2. 信号连接不稳定

巡检机器人运行调试初期，发现在巡检的部分路段出现后台显示画面卡涩、数据回传速度降低的现象，经现场观察和分析，发现是由于出现通信问题的路段处于定向接收天线覆盖的死角，接收的通信信号太弱造成出现了后台显示画面停顿、数据回传速度降低的问题。

解决措施：通过增加一个定向接收天线，扩大了天线覆盖范围，在后续的巡检测试中未再出现通信问题。

在500kV变电站运行期间，由于站内设备电压等级高，电磁场环境复杂，通信信号受到严重的干扰，也出现了通信不畅的情况。

解决措施：通过更换大功率、大发射角天线，并且调整信号增益、信号频率、通信模式等参数后，大大改善了通信质量，确保了在此环境下机器人的正常运行。

3. 表计读取不准确

巡检任务中有较多的 SF_6 压力表需要识别读取，但机器人对此类仪表的识别准确率较低，经分析发现是由于该变电站内安装的 SF_6 压力表的指针细小，指针下半部为白色，上半部为黑色，而表盘刻度也为黑色，这就造成了仪表识别软件难以区分指针和刻度，从而使判读不准确。

解决措施：经过对站内全部 SF_6 压力表大量样本的采集，根据样本重新优化了仪表识别软件的指针读取算法，在后续的巡检任务中，机器人 SF_6 压力表的识别准确率大大提升，软件改进前后效果对比如图 14-55 所示。

(a)   (b)

图 14-55 机器人 SF_6 压力表识别功能改进
(a) 仪表识别软件优化前；(b) 仪表识别软件优化后

4. 转弯卡涩

巡检机器人在原地转向的过程中，出现了个别车轮悬空、转弯动作卡涩的现象，经过现场观察和分析，发现是由于巡检现场路面不平整，而巡检机器人安装的是实心轮胎，轮胎的弹性很小，因此造成了原地转弯的过程中个别车轮悬空。由于机器人的原地转弯是依靠四个轮子同时驱动完成的，个别车轮悬空造成了转弯动力不足，由此产生了转弯卡涩的现象。

解决措施：通过将实心轮胎更换为弹性较好的充气轮胎，大大减小了路面不平造成的个别车轮悬空的概率，在后续的巡检过程中未曾出现此类问题。

5. 缺少设备缺陷音频模型库

由于暂未收集足够的设备音频缺陷或故障模型库数据，无法对采集到的音频信息进行比对分析，以进一步实现巡检结果的诊断分析。目前，巡检音频数据结果暂时提供设备音频时域和频域波形的显示功能。

解决措施：声音数字识别的基本流程如图 14-56 所示。首先对样本音频和被识别声音信号进行量化，然后提取声音特征，最后通过对声音特征的匹配比对得出识别分析结果。

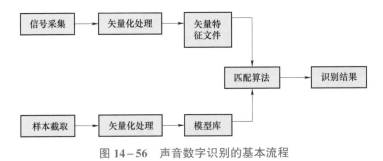

图 14-56 声音数字识别的基本流程

目前，完成了信号采集、矢量化处理、矢量特征文件存储的流程，也具备了完善的匹配算法，但在采集音频缺陷或故障样本库、全面测试矢量化处理和匹配算法、验证声音识别软件的准确度方面有待深入研究。

第15章　总结与展望

1．总结

本书基于国内外电力机器人技术现状和相关科研成果，围绕输电线路和变电站机器人全自主巡检系统、机器人智能巡检技术及巡检应用等方面进行介绍，具体内容总结如下。

（1）介绍了穿越越障和跨越越障两种输电线路机器人全自主巡检系统，包括机器人本体、地面监控基站、塔上充电装置、自动上下线成套装置及巡检后台管理系统等部分。

（2）介绍了穿越越障机器人和跨越越障机器人行驶路径及配套金具，解决输电线路机器人巡检效率低、过塔难的问题。

（3）介绍了输电线路机器人自动上下线方法、自动上下线成套装置及其工程应用，克服了传统采用带电作业吊装上下线方法存在的耗时、耗力及作业风险高等缺点。

（4）介绍了输电线路机器人多传感器融合功能和一种输电线路机器人多任务载荷系统，采集并处理高分辨率可见光影像、红外影像和高精度三维激光点云等多源数据，使机器人具备发现输电线路设备缺陷、异常状态和安全距离诊断等功能，提高了输电线路的巡检效率和质量。

（5）介绍了输电线路机器人视觉系统，实现机器人对地线障碍物（防振锤、压接管等）和异形障碍物（翘股/散股、异物缠绕等）的自动识别、测距定位及手眼视觉伺服控制，是机器人实现越障和完成线路巡检的必要条件。

（6）介绍了基于机器人能耗预测的巡检作业规划控制策略，实现机器人全自主巡检任务和充电站的合理规划布局，保证机器人可靠供能。

（7）介绍了一种基于横向摆动姿态检测的机器人作业控制算法，机器人依据风载荷下机体的摆动姿态实时控制行走动作与巡检策略，以提高机器人行驶的安全性和巡检采集数据的有效性。

（8）介绍了输电线路巡检机器人全自主巡检技术，机器人可长时间在无监控的情况下进行自主定位、自主巡检、自主越障、自主运行、与地面基站自主交互、自主故障诊断与复位。

（9）介绍了基于 WiFi、GPRS 和 4G 的机器人多种通信方式，实现了本体与地面基站的自主信息交互，解决输电线路长距离、超视距巡检环境下线路巡检机器人状态信息及控制信号可靠稳定传输的问题。

（10）介绍了变电站机器人全自主巡检系统，包括机器人本体、充电系统、无线通信系统、本地监控后台及其他辅助设施等部分。

（11）介绍了变电站机器人激光雷达、惯导和里程计组合导航方法，避免了单一方法可能存在的失效问题，提高导航的可靠性；基于特征地图定位、红外与数字地图和立体视觉辅助导航技术，可优化机器人的导航和定位性能。

（12）介绍了基于遗传算法的变电站巡检机器人任务路径规划解决方案，通过仿真分析和现场实测研究，证明该路径规划方法可行有效。

（13）介绍了可见光检测及模式识别、仪表定位技术，巡检机器人可对仪表设备状态进行准确识别；通过优化红外热像检测方法，以及基于立体视觉和红外图像设备提取技术，可提升机器人的红外探测诊断能力。

（14）基于对变电主设备异常声音特性分析和特征量提取，验证了机器人声音探测诊断系统具有良好的声音识别效果，在实际中有较强的应用前景。

（15）介绍了一种变电站机器人充电精确对准的方法，可精确控制机器人的姿态，保证机器人的充电过程更加安全可靠；介绍了充电房自动门系统与巡检任务联动机制，机器人可长期自主巡检和自主充电，利用恒流定压的均衡充电模式，确保最大限度地延长锂电池的使用寿命。

（16）分析了我国电网输变电设备典型巡检模式、智能巡检的需求，提出了输变电设备机器人巡检系统实用化要求和巡检技术规范，明确了机器人的巡检方式、巡检作业要求和巡检流程。

2. 展望

受我国电网转型升级、提质增效和智能高效运维需求的驱动，电力机器人技术及智能巡检作业技术将迎来迅速发展。

（1）电力机器人及作业系统的可靠性和效率将显著提升，电网巡检作业实用化水平将显著提高，在线作业时间将显著延长。

（2）变电站巡检机器人将实现规模应用，部分电压等级将实现全覆盖，在此基础上输电线路和配网巡检机器人也将进入实用化和规模应用阶段。

（3）电力机器人带电作业研究和应用将进一步深化，并将在输、变、配电领域全面推进和取得部分成效。

（4）机器人将向轻小化、模块化、系列化方向发展，针对不同电力专业领域和不同应用场景，形成不同的机器人产品。

（5）电力机器人与小型无人机将实现融合发展，机器人与人将和谐相处，实现协同作业或代替人员作业，机器人将更人性化和便于使用。

参 考 文 献

［1］ BUHRINGER M，BERCHTOLD J，BUCHEL M，et al. Cable-crawler-robot for the inspection of high－voltage power lines that can passively roll over mast tops［J］. Industrial Robot：An International Journal，2010，37（3）：256－262.

［2］ DEBENEST P，GUARNIERI M，TAKITA K，et al.Expliner-robot for inspection of transmission lines［C］// IEEE International Conference on Robotics and Automation. Piscataway：IEEE Press，2008：3978－3984.

［3］ DEBENEST P，GUARNIERI M. Robot for inspection of transmission lines: electrical and mechanical development［J］. IEEE Transactions on Power and Energy，2010，130（5）：469－472.

［4］ DEBENEST P，GUARNIERI M，TAKITA K，et al.Sensor－arm－robotic manipulator for preventive maintenance and inspection of high－voltage transmission lines［C］//IEEE International Conference on Robots and Intelligent Systems. Piscataway：IEEE Press，2008：1737－1744.

［5］ LI Z，RUAN Y. Autonomous inspection robot for power transmission lines maintenance while operating on the overhead ground wires［J］. International Journal of Advanced Robotic Systems，2010，7（4）：107－112.

［6］ 杨德伟，冯祖仁，张翔. 新型三臂巡线机器人机构设计及运动分析［J］. 西安交通大学学报，2012，46（09）：43－48，54.

［7］ 赵晓光，梁自泽，谭民. 高压输电线路自动巡检机器人结构仿真［J］. 华中科技大学学报（自然科学版），2004，32（S1）：198－200.

［8］ OUDDHAI A，REBIAH S E. Time optimal control of a omni－directional mobile robot［J］. Advances in Modelling and Analysis C，2006，61（3－4）：21－33.

［9］ ZHAO Y M，TSIOTRAS P. Analysis of energy－optimal aircraft landing operation trajectories［J］. Journal of Guidance Control and Dynamics，2013，36（3）：833－845.

［10］ ZHANG F，LIU G J，FANG L J，et al. Estimation of battery state of charge with Hobserver：applied to a robot for inspecting power transmission lines［J］. IEEE Transactions on Industrial Electronics，2012，59（2）：1086－1095.

［11］ 彭向阳，钱金菊，吴功平，等. 架空输电线路机器人全自主巡检系统及示范应用［J］. 高电压技术，2017，43（8）：2582－2591.

［12］ 占必红，麦晓明，吴功平，等. 高压输电线路巡线机器人行走电机温度检测系统的研究［J］. 武汉大学学报（工学版），2015，48（2）：249－255.

［13］ 麦晓明，王柯，彭向阳，等. 输电线路巡视机器人穿越式过塔技术研究［J］. 广东电力，2015，28（9）：113－118.

［14］ 钱金菊，吴功平，彭向阳，等. 架空输电线路巡检机器人风载下姿态检测及作业控制技术［J］. 广东电力，2017，30（1）：116－120.

［15］ 王锐，牛姣蕾，彭向阳，等. 基于红外图像匹配的变电站机器人辅助导航技术［J］. 广东电力，2017，30（4）：120－124.

［16］ 王锐，莫志超，彭向阳，等. 基于遗传算法的变电站巡视机器人任务路径规划方法研究［J］. 计算机测量与控制，2017，25（4）：153－155.

［17］彭向阳，吴功平，许志海，等. 用于架空高压输电线路巡检机器人自动上下线的起吊装置：中国专利，ZL 2015 1 0298835.4［P］. 2017.02.22.

［18］吴功平，王柯，于娜，等. 一种耐张杆塔巡线机器人自动上下线装置：中国专利，ZL 2015 1 0296322.X［P］. 2017.3.22.

［19］彭向阳，成超，王柯，等. 一种用于机器人自动充电的连接器：中国专利，ZL 2015 1 0876818.4［P］. 2017.10.27.

［20］王柯，吴功平，麦晓明，等. 巡线机器人控制基站装置：中国专利，ZL 2015 2 0271821.9［P］. 2015.8.12.

［21］彭向阳，成超，王柯，等. 一种用于机器人自动充电的连接器：中国专利，ZL 2015 2 0990773.9［P］. 2016.8.24.

［22］房桦，明志强，周云峰，等. 一种适用于变电站巡检机器人的仪表识别算法［J］. 自动化与仪表，2013（5）：10－14.

［23］吕霄云，王宏霞. 基于 MFCC 和短时能量混合的异常声音识别算法［J］. 计算机应用，2010（3）：796－798.

［24］周立辉，张永生，孙勇，等. 智能变电站巡检机器人研制及应用［J］. 电力系统自动化，2011，35（19）：85－88，96.

［25］鲁守银，钱庆林，张斌，等. 变电站设备巡检机器人的研制［J］. 电力系统自动化，2006，30（13）：94－98.

［26］左敏，曾广平，涂序彦. 无人变电站智能机器人的视觉导航研究［J］. 电子学报，2011，39（10）：2464－2468.

［27］许允喜，陈方. 基于 CenSurE 特征的 SAR/INS 组合导航景象匹配算法［J］. 控制与决策，2011，26（8）：1175－1180，1186.

［28］胡启明，胡润滋，周平. 变电站巡检机器人应用技术［J］. 华中电力，2011，24（5）：36－39，43.

［29］王先敏，曾庆化，熊智，等. 结合惯性导航特性的快速景象匹配算法［J］. 系统工程与电子技术，2011，33（9）：2055－2059.

［30］章毓晋. 图像工程［M］. 3 版. 北京：清华大学出版社，2012.

［31］Rafael C. Gonzalez, Richard E. Woods. 数字图像处理［M］. 3 版. 阮秋琦，阮宇智等译. 北京：电子工业出版社，2017.